中国三峡集团招标文件范本
项目类型：水力发电工程

大宗与通用物资类招标文件范本

（2017 年版）

中国长江三峡集团有限公司　编著

中国三峡出版传媒
中国三峡出版社

图书在版编目（CIP）数据

大宗与通用物资类招标文件范本：2017年版/中国长江三峡集团有限公司编著．—北京：中国三峡出版社，2018.6
中国三峡集团招标文件范本　项目类型．水力发电工程
ISBN 978-7-5206-0051-4

Ⅰ．①大…　Ⅱ．①中…　Ⅲ．①三峡水利工程—物资管理—采购管理—招标—文件—范本
Ⅳ．①F426.9

中国版本图书馆 CIP 数据核字（2018）第135919号

责任编辑： 任景辉

中国三峡出版社出版发行
（北京市西城区西廊下胡同51号　100034）
电话：（010）57082566　57082645
http：//www.zgsxcbs.cn
E—mail：sanxiaz@sina.com

北京华联印刷有限公司印刷　新华书店经销
2018年6月第1版　2018年6月第1次印刷
开本：787毫米×1092毫米　1/16　印张：17.5
字数：328千字
ISBN 978-7-5206-0051-4　定价：88.00元

编　委　会

前　言

1992年，经全国人大批准，三峡工程开工建设。中国长江三峡集团有限公司（原名“中国长江三峡工程开发总公司”，以下简称“三峡集团”）作为项目法人，积极推行“项目法人负责制、招标投标制、工程监理制、合同管理制”，对控制“质量、造价、进度”起到了重要作用。三峡工程招标采购管理的改革实践，引领了当时国内大水电招标采购管理，为国家制定招投标方面的法律法规提供了宝贵的实践经验。三峡工程吸引了全国乃至全世界优秀的建筑施工企业、物资供应商和设备制造商参与投标、竞争，三峡集团通过择优选取承包商，实现了资源的优化配置和工程投资的有效控制。三峡集团秉承“规范、公正、阳光、节资”的理念，打造“规范高效、风险可控、知识传承”的招标文件范本体系，持续在科学性和规范性上深耕细作，已发布了覆盖水电工程、新能源工程、咨询服务等领域的100多个招标文件范本。招标文件范本在公司内已经使用2年，对提高招标文件编制质量和工作效率发挥了良好的作用，促进了三峡集团招标投标活动的公开、公平和公正。

本系列招标文件范本遵照国家《标准施工招标文件》（2007年版）体例和条款，吸收三峡集团招标采购管理经验，按照标准化、规范化的原则进行编制。系列丛书分为水力发电工程建筑与安装工程、水力发电工程金结与机电设备、水力发电工程大宗与通用物资、咨询服务、新能源工程5类9册15个招标文件范本。在项目划分上充分考虑了实际项目招标需求，既包括传统的工程、设备、物资招标项目，也包括科研项目和信息化建设项目，具有较强的实用性。针对不同招标项目的特点选择不同的评标方法，制定了个性化的评标因素和合理的评标程序，为科学选择供应商提供依据；结合三峡集团的管理经验细化了合同条款，特别是水电工程施工、机电设备合同条款传承了三峡工程建设到金沙江4座巨型水电站建设的经验；编制了有前瞻性的技术条款和技术规范，部分项目采用了三峡标准，发挥企业标准的引领作用；对于近年来备受关注的电子招标投标、供应商信用评价、安全生产、廉洁管理、保密管理等方面，均编制了具备可操作性的条款。

招标文件编制涉及的专业面广，受编者水平所限，本系列招标文件范本难免有不妥当之处，敬请读者批评指正。

联系方式：ctg_zbfb@ctg.com.cn。

编者

2018 年 6 月

目　录

水电工程钢材招标文件范本

水电工程水泥招标文件范本

水电工程粉煤灰招标文件范本

水电工程钢材招标文件范本

中国三峡
China Three Gorges Corporation

QZCTG 03.01.V2－2017

________项目招标文件

（钢材类）

招标编号：________________

招标人：________________

招标代理机构：________________

20____年____月____日

使用说明

一、《招标文件》适用于中国长江三峡集团有限公司水电、风电、太阳能等工程钢材类大宗物资项目招标。

二、《招标文件》用相同序号标示的章、节、条、款、项、目，供招标人和投标人选择使用；以空格标示的由招标人填写的内容，招标人应根据招标项目具体特点和实际需要具体化，确实没有需要填写的，在空格中用“/”标示。

三、《招标文件》第一章的招标公告或投标邀请书中，投标人资格要求按照单一标段编写。多标段招标时，可并列编写各标段投标人资格要求。

四、招标人可以根据项目实际情况，对《招标文件》第二章“投标人须知”前附表第 1.11.2 项指明的“实质性偏差的内容”进行调整。

五、《招标文件》第三章“评标办法”对于常规材料物资采用经评审的最低投标价法；对于有一定特殊要求，但是采购量不大的常规材料物资项目采用最低评标价法，招标人可根据需要选择具体评标办法。各评审因素的评审标准、分值和权重等不可修改。

六、《招标文件》第四章“合同条款及格式”由合同协议书、合同条款及三个附件构成。合同条款不分通用条款和专用条款，主要参考集团公司现行的大宗物资招标及采购文件并结合国家有关招标投标的法律、法规和集团公司管理规定进行编制。提醒注意要点：

（一）为保证标准文本的通用性、指导性，涉及时间、地点、数值、增值税发票信息等内容在标准文件中以下划线代替，由招标人根据招标实际情况填报；

（二）合同协议书中第 2 条合同文件组成为合同文件主要框架，招标人可根据招标实际情况添加构成合同文件的其他内容；

（三）当合同供货期较长时，为保证对合同双方的公正性，增加了对运杂费调差的选择项，招标人可根据招标情况自行确定是否需要运杂费调差。

七、《招标文件》第五章“投标报价表”由招标人根据行业标准、招标项目具体特点和实际需要编制，并与“投标人须知”、“合同条款及格式”、“技术标规范”相衔接。

本章所附表格可根据有关规定做出相应的调整和补充。

八、《招标文件》第六章“技术规范”参照溪洛渡水电站、白鹤滩水电站、乌东德水电站钢材招标文件编写，无大的变化。提醒注意要点：

（一）“技术规范”中的各项技术标准应符合国家强制性标准，不得要求或标明某一特定的专利、商标、名称、设计、原产地或生产供应者，不得含有倾向或者排斥潜在投标人的其他内容。如果必须引用某一生产供应者的技术标准才能准确或清楚地说明拟招标项目的技术标准时，则应当在参照后面加上“或相当于”字样；

（二）增加《钢筋混凝土用余热处理钢筋》GB 13014、《预应力混凝土用钢绞线》GB / T 5224 标准，增加了钢筋及钢产品取样方法和检测试验方法。

九、《招标文件》将根据实际执行过程中出现的问题及时进行修改。各使用单位对《招标文件》的修改意见和建议，可向编制工作小组反映。

联系方式：ctg _ zbfb@ctg. com. cn。

第一章　招标公告（未进行资格预审）

________（项目名称）招标公告

1　招标条件

本招标项目 （项目名称） 已获批准采购，采购资金来自 （资金来源） ，招标人为________，招标代理机构为 三峡国际招标有限责任公司 。项目已具备招标条件，现对该项目进行公开招标。

2　项目概况与招标范围

2.1　项目概况

________（说明本次招标项目的建设地点、规模等）。

2.2　招标范围

________（说明本次招标项目的招标范围、标段划分〔如果有〕、计划工期等）。

3　投标人资格要求

3.1　本次招标要求投标人须具备以下条件：

（1）资质条件：________；

（2）业绩要求：________；

（3）信誉要求：________；

（4）财务要求：________；

（5）其他要求：________。

3.2　本次招标________（接受或不接受）联合体投标。联合体投标的，应满足下列要求：________。

3.3　投标人不能作为其他投标人的分包人同时参加投标。单位负责人为同一人或者存在控股、管理关系的不同单位，不得参加同一标段投标或者未划分标段的同一招标项目投标。

3.4　本次招标__________（接受或不接受）代理商投标。如投标人为代理商，需获得__________授权。

3.5　各投标人均可就本招标项目的_______（具体数量）个标段投标。[①]

4　招标文件的获取

4.1　招标文件发售时间为____年____月____日____时整至____年____月____日____时整（北京时间，下同）。

4.2　招标文件每标段售价______元，售后不退。

4.3　有意向的投标人须登录中国长江三峡集团有限公司电子采购平台（网址：http://epp.ctg.com.cn/，以下简称“电子采购平台”，服务热线电话：010－57081008）进行免费注册成为注册供应商，在招标文件规定的发售时间内通过电子采购平台点击“报名”提交申请，并在“支付管理”模块勾选对应条目完成支付操作。潜在投标人可以选择在线支付或线下支付（银行汇款）完成标书款缴纳：

（1）在线支付（单位或个人均可）时请先选择支付银行，然后根据页面提示进行支付，支付完成后电子采购平台会根据银行扣款结果自动开放招标文件下载权限；

（2）线下支付（单位或个人均可）时须通过银行汇款将标书款汇至三峡国际招标有限责任公司的开户行：工商银行北京中环广场支行（账号：0200209519200005317）。线下支付成功后，潜在投标人须再次登录电子采购平台，依次填写支付信息、上传汇款底单并保存提交，招标代理机构工作人员核对标书款到账情况后开放下载权限。

4.4　若超过招标文件发售截止时间则不能在电子采购平台相应标段点击“报名”，将不能获取未报名标段的招标文件，也不能参与相应标段的投标，未及时按照规定在电子采购平台报名的后果，由投标人自行承担。

5　电子身份认证

本项目投标文件的网上提交部分需要使用电子钥匙（CA）加密后上传至电子采购平台（标书购买阶段不需使用CA电子钥匙）。本电子采购平台的相关电子钥匙（CA）须在北京天威诚信电子商务服务有限公司指定网站办理（网址：http://sanxia.szzsfw.com/，服务热线电话：010－64134583），请潜在投标人及时办理，以免影响投标，由于未及时办理CA影响投标的后果，由投标人自行承担。

6　投标文件的递交

6.1　投标文件递交的截止时间（投标截止时间，下同）为____年____月____日____时

① 分标段时适用，根据项目情况修改。

整。本次投标文件的递交分现场递交和网上提交，现场递交的地点为＿＿＿＿＿＿；网上提交的投标文件应在投标截止时间前上传至电子采购平台。

6.2　在投标截止时间前，现场递交的投标文件未送达到指定地点或者网上提交的投标文件未成功上传至电子采购平台，招标人不予受理。

7　发布公告的媒介

本次招标公告同时在中国招标投标公共服务平台（http：//www. cebpubservice. com）、中国长江三峡集团有限公司电子采购平台（http：//epp. ctg. com. cn）、三峡国际招标有限责任公司网站（www. tgtiis. com）上发布。

8　联系方式

招 标 人：＿＿＿＿＿＿	招标代理机构：三峡国际招标有限责任公司
地　　址：＿＿＿＿＿＿	地　　址：＿＿＿＿＿＿
邮　　编：＿＿＿＿＿＿	邮　　编：＿＿＿＿＿＿
联 系 人：＿＿＿＿＿＿	联 系 人：＿＿＿＿＿＿
电　　话：＿＿＿＿＿＿	电　　话：＿＿＿＿＿＿
传　　真：＿＿＿＿＿＿	传　　真：＿＿＿＿＿＿
电子邮箱：＿＿＿＿＿＿	电子邮箱：＿＿＿＿＿＿

招标采购监督：＿＿＿＿＿＿

联 系 人：＿＿＿＿＿＿

电　　话：＿＿＿＿＿＿

传　　真：＿＿＿＿＿＿

＿＿年＿＿月＿＿日

第一章　投标邀请书（适用于邀请招标）

______________（项目名称）投标邀请书

__________（被邀请单位名称）：

1　招标条件

本招标项目＿（项目名称）＿已获批准采购，采购资金来自＿（资金来源）＿，招标人为__________，招标代理机构为＿三峡国际招标有限责任公司＿。项目已具备招标条件，现邀请你单位参加______（项目名称及标段）投标。

2　项目概况与招标范围

2.1　项目概况

__________（说明本次招标项目的建设地点、规模等）。

2.2　招标范围

__________（说明本次招标项目的招标范围、标段划分〔如果有〕、计划工期等）。

3　投标人资格要求

3.1　本次招标要求投标人须具备以下条件：

（1）资质条件：______________；

（2）业绩要求：______________；

（3）信誉要求：______________；

（4）财务要求：______________；

（5）其他要求：______________。

3.2　你单位________（可以或不可以）组成联合体投标。联合体投标的，应满足下列要求：________。

3.3　你单位不能作为其他投标人的分包人同时参加投标。单位负责人为同一人或者存在控股、管理关系的不同单位，不得参加同一标段投标或者未划分标段的同一招标项

目投标。

3.4　你单位可就本招标项目的________（具体数量）个标段投标。[①]

4　招标文件的获取

4.1　招标文件发售时间为____年____月____日____时整至____年____月____日____时整（北京时间，下同）。

4.2　招标文件每标段售价________元，售后不退。

4.3　有意向的投标人须登录中国长江三峡集团有限公司电子采购平台（网址：http://epp.ctg.com.cn/，以下简称"电子采购平台"，服务热线电话：010－57081008）进行免费注册成为注册供应商，在招标文件规定的发售时间内通过电子采购平台点击"报名"提交申请，并在"支付管理"模块勾选对应条目完成支付操作。潜在投标人可以选择在线支付或线下支付（银行汇款）完成标书款缴纳：

（1）在线支付（单位或个人均可）时请先选择支付银行，然后根据页面提示进行支付，支付完成后电子采购平台会根据银行扣款结果自动开放招标文件下载权限；

（2）线下支付（单位或个人均可）时须通过银行汇款将标书款汇至三峡国际招标有限责任公司的开户行：工商银行北京中环广场支行（账号：0200209519200005317）。线下支付成功后，潜在投标人须再次登录电子采购平台，依次填写支付信息、上传汇款底单并保存提交，招标代理机构工作人员核对标书款到账情况后开放下载权限。

4.4　若超过招标文件发售截止时间则不能在电子采购平台相应标段点击"报名"，将不能获取未报名标段的招标文件，也不能参与相应标段的投标，未及时按照规定在电子采购平台报名的后果，由投标人自行承担。

5　电子身份认证

本项目投标文件的网上提交部分需要使用电子钥匙（CA）加密后上传至电子采购平台（标书购买阶段不需使用 CA 电子钥匙）。本电子采购平台的相关电子钥匙（CA）须在北京天威诚信电子商务服务有限公司指定网站办理（网址：http://sanxia.szzsfw.com/，服务热线电话：010－64134583），请潜在投标人及时办理，以免影响投标，由于未及时办理 CA 影响投标的后果，由投标人自行承担。

6　投标文件的递交

6.1　投标文件递交的截止时间（投标截止时间，下同）为____年____月____日____时

① 分标段时适用，根据项目情况修改。

整。本次投标文件的递交分现场递交和网上提交，现场递交的地点为__________；网上提交的投标文件应在投标截止时间前上传至电子采购平台。

6.2 在投标截止时间前，现场递交的投标文件未送达到指定地点或者网上提交的投标文件未成功上传至电子采购平台，招标人不予受理。

7 确认

你单位收到本投标邀请书后，请于____年____月____日____时整前以传真或电子邮件方式予以确认。

8 联系方式

招 标 人：______________　招标代理机构：三峡国际招标有限责任公司

地　　址：______________　地　　址：____________________

邮　　编：______________　邮　　编：____________________

联 系 人：______________　联 系 人：____________________

电　　话：______________　电　　话：____________________

传　　真：______________　传　　真：____________________

电子邮箱：______________　电子邮箱：____________________

招标采购监督：____________________

联 系 人：____________________

电　　话：____________________

传　　真：____________________

______年____月______日

第一章 投标邀请书（代资格预审通过通知书）

______________（项目名称）投标邀请书

__________（被邀请单位名称）：

1. 你单位已通过资格预审，现邀请你单位按招标文件规定的内容，参加____________________________（项目名称及标段）投标。

2. 请你单位于____年____月____日____时整至____年____月____日____时整（北京时间，下同）按下列要求购买招标文件。

3. 招标文件每标段售价________元，售后不退。

4. 请登录中国长江三峡集团有限公司电子采购平台（网址：http：//epp.ctg.com.cn/，以下简称“电子采购平台”，服务热线电话：010－57081008）进行免费注册成为注册供应商，在招标文件规定的发售时间内通过电子采购平台点击“报名”提交申请，并在“支付管理”模块勾选对应条目完成支付操作。潜在投标人可以选择在线支付或线下支付（银行汇款）完成标书款缴纳：

（1）在线支付（单位或个人均可）时请先选择支付银行，然后根据页面提示进行支付，支付完成后电子采购平台会根据银行扣款结果自动开放招标文件下载权限；

（2）线下支付（单位或个人均可）时须通过银行汇款将标书款汇至三峡国际招标有限责任公司的开户行：工商银行北京中环广场支行（账号：0200209519200005317）。线下支付成功后，潜在投标人须再次登录电子采购平台，依次填写支付信息、上传汇款底单并保存提交，招标代理机构工作人员核对标书款到账情况后开放下载权限。

若超过招标文件发售截止时间则不能在电子采购平台相应标段点击“报名”，将不能获取未报名标段的招标文件，也不能参与相应标段的投标，未及时按照规定在电子采购平台报名的后果，由投标人自行承担。

5. 投标文件递交的截止时间（投标截止时间，下同）为____年____月____日____时整。本次投标文件的递交分现场递交和网上提交，现场递交的地点为________；网上提交的投标文件应在投标截止时间前上传至电子采购平台。

6. 在投标截止时间前，现场递交的投标文件未送达到指定地点或者网上提交的投标文件未成功上传至电子采购平台，招标人不予受理。

7. 你单位收到本投标邀请书后，请于____年____月____日____时整前以传真或电子邮件方式予以确认。

招 标 人：______________　　招标代理机构：三峡国际招标有限责任公司
地　　址：______________　　地　　址：______________
邮　　编：______________　　邮　　编：______________
联 系 人：______________　　联 系 人：______________
电　　话：______________　　电　　话：______________
传　　真：______________　　传　　真：______________
电子邮箱：______________　　电子邮箱：______________

招标采购监督：______________
联 系 人：______________
电　　话：______________
传　　真：______________

____年____月____日

附表

集中招标项目资格条件汇总表（格式）

序号	标段编号	标段名称	招标范围	资格条件要求	标书款金额	保证金金额	备注

第二章　投标人须知

投标人须知前附表

条款号	条款名称	编列内容
1.1.2	招标人	名称： 地址： 联系人： 电话： 电子邮箱：
1.1.3	招标代理机构	名称：三峡国际招标有限责任公司 地址： 联系人： 电话： 电子邮箱：
1.1.4	项目名称	
1.1.5	项目概况	
1.2.1	资金来源	
1.2.2	出资比例	
1.2.3	资金落实情况	
1.3.1	招标范围	本项目招标范围如下：
1.3.2	交货要求	交货批次和进度： 交货地点： 交货条件：
1.3.3	质量要求	
1.4.1	投标人资质条件、能力和信誉	资质条件： 业绩要求： 信誉要求： 财务要求： 其他要求：
1.4.2	是否接受联合体投标	□不接受 □接受，应满足下列要求：
1.4.5	是否接受代理商投标	□不接受 □接受，应满足下列要求：

续表

条款号	条款名称	编列内容
1.5	费用承担	其中中标服务费用： □由中标人向招标代理机构支付，适用于本须知1.5款________类招标收费标准。 □其他方式：
1.9.1	踏勘现场	□不组织 □组织，踏勘时间： 踏勘集中地点：
1.10.1	投标预备会	□不召开 □召开，召开时间： 召开地点：
1.10.2	投标人提出问题的截止时间	投标预备会____天前
1.10.3	招标人书面澄清的时间	投标截止日期____天前
1.11.2	实质性偏差的内容①	对招标文件的价款的结算、交货期、违约责任、合同争端及解决、履约担保等
2.2.1	投标人要求澄清招标文件的截止时间	投标截止日期前__________天
2.2.2	投标截止时间	____年____月____日____时____分
2.2.3	投标人确认收到招标文件澄清的时间	收到通知后24小时内
2.3.2	投标人确认收到招标文件修改的时间	收到通知后24小时内
3.1.1	构成投标文件的其他材料	
3.2.3	最高投标限价或其计算方法	
3.3.1	投标有效期	自投标截止之日起____天
3.4.1	投标保证金	不要求递交投标保证金 ☑要求递交投标保证金 投标文件应附上一笔符合招标文件规定的投标保证金，金额为人民币______万元/标段。 **1. 递交形式** 通过在线支付或线下支付递交的投标保证金或由国内银行的省、地市级分行出具的银行保函，不接受汇票、支票或现钞等其他方式。 **2. 递交办法** **2.1 使用在线支付或线下缴纳投标保证金** 潜在投标人须登录电子采购平台，于投标截止时间前在“投标管理—投标”菜单中选择项目并点击“支付保证金”，并在“支付管理”模块勾选对应条目完成支付操作。潜在投标人可以选择在线支付或线下支付进行缴纳： （1）在线支付（通过“B2B”即企业银行对公支付）保证金时，请根据页面提示选择支付银行进行支付。 （2）线下支付投标保证金时，潜在投标人须通过银行汇款至招标代理机构，汇款成功后，再次登录电子采购平台，依次填写支付信息、上传汇款底单并保存提交。

① 根据项目情况调整。

续表

条款号	条款名称	编列内容
		2.2　银行保函 潜在投标人须开具有效的银行保函，登录电子采购平台，在线下支付付款方式中选“保函”，并上传银行保函彩色扫描件。 **3. 递交时间** 潜在投标人选择在线支付方式缴纳投标保证金时，须确保在投标截止时间前投标保证金被扣款成功，否则其投标文件将被否决；选择线下支付缴纳投标保证金时，在投标截止时间前，投标保证金须成功汇至招标代理机构银行账户上，否则其投标文件将被否决；选择银行保函作为投标保证金时，在投标截止时间前，银行保函原件必须随纸质投标文件一起递交招标代理机构，否则其投标将被否决。 **4. 退还信息** “投标保证金退还信息及中标服务费交纳承诺书”原件应单独密封，并在封面注明“投标保证金退还信息”，随投标文件一同递交。 **5. 投标保证金收款信息：** 开户银行：工商银行北京中环广场支行 账号：0200209519200005317 行号：20956 开户名称：三峡国际招标有限责任公司 汇款用途：BZJ
3.4.3	投标保证金的退还	**1. 使用在线支付或线下支付投标保证金方式：** 未中标投标人的投标保证金，将在中标人和招标人签订书面合同后 5 日内予以退还，并同时退还投标保证金利息；中标人的投标保证金将在其与招标人签订书面合同并提供履约担保（如招标文件有要求）、由招标代理机构扣除中标服务费用后 5 日内将余额退还（如不足，需在接到招标代理机构通知后 5 个工作日内补足差额）。 投标保证金利息按收取保证金之日的中国人民银行同期活期存款利率计息，遇利率调整不分段计息。存款利息计算时，本金以“元”为起息点，利息的金额也算至元位，元位以下四舍五入。按投标保证金存放期间计算利息，存放期间一律算头不算尾，即从开标日起算至退还之日前一天止；全年按 360 天，每月均按 30 天计算。 **2. 使用银行保函方式：** 未中标投标人的银行保函原件，将在中标人和招标人签订书面合同后 5 日内退还；中标人的保函将在中标人和招标人签订书面合同、提供履约担保（如招标文件有要求）且支付中标服务费后 5 日内无息退还。
3.5.2	近年财务状况的年份要求	____年，____年至____年
3.5.3	近年完成的类似项目的年份要求	____年，____年____月____日至____年____月____日
3.5.5	近年发生的诉讼及仲裁情况的年份要求	____年，____年____月____日至____年____月____日
3.5.7	证明满足其他资格条件所需的证明材料	应提供以下证明材料：

续表

条款号	条款名称	编列内容
3.5.8	资格审查时提供原件	□不需要 □需要，包括以下原件：
3.6	是否允许递交备选投标方案	□不允许 □允许
3.7.2	现场递交投标文件份数	现场递交纸质投标文件正本1份、副本__份和电子版__份（U盘）。
3.7.3	纸质投标文件签字或盖章要求	按招标文件第七章“投标文件格式”要求，签字或盖章。
3.7.4	纸质投标文件装订要求	纸质投标文件应按以下要求装订：装订应牢固、不易拆散和换页，不得采用活页装订。
3.7.5	现场递交的投标文件电子版（U盘）格式	投标报价应使用.xlsx进行编制，其他部分的电子版文件可用.docx、.xlsx或PDF等格式进行编制。
3.7.6	网上提交的电子投标文件中的格式	第七章“投标文件格式”中的投标函和授权委托书采用签字盖章后的彩色扫描件；其他部分的电子版文件应采用.docx、.xlsx或PDF格式进行编制。
4.1.2	封套上写明	项目名称： 招标编号： 在____年____月____日____时____分（投标文件截止时间）前不得开启。 投标人名称：
4.2	投标文件的递交	本条款补充内容如下： 投标文件分为网上提交和现场递交两部分。 （1）网上提交 应按照中国长江三峡集团有限公司电子采购平台（以下简称“电子采购平台”）的要求将编制好的文件加密后上传至电子采购平台，具体操作方法详见（http：//epp.ctg.com.cn）网站中“使用指南”。 （2）现场递交 投标人应将纸质投标文件的正本、副本、电子版、投标保证金退还信息和银行保函原件（如有）分别密封递交。纸质版、电子版应包含投标文件的全部内容。
4.2.2	投标文件网上提交	网上提交：中国长江三峡集团有限公司电子采购平台（http：//epp.ctg.com.cn/）。 （1）电子采购平台提供了投标文件各部分内容的上传通道，其中： “投标保证金支付凭证”应上传投标保证金汇款凭证、“投标保证金退还信息及中标服务费交纳承诺书”以及银行保函（如有）彩色扫描件；“评标因素应答对比表”本项目不适用。 （2）电子采购平台中的“商务文件”（2个通道）、“技术文件”（2个通道）、“投标报价文件”（1个通道）和“其他文件”（1个通道），每个通道最大上传文件容量为100M。商务文件、技术文件超过最大上传容量时，投标人可将资格审查资料、图纸文件从“其他文件”通道进行上传；若容量仍不能满足，则将未上传的部分在投标文件格式文件十中进行说明，并将未上传部分包含在现场提交的电子文件中。

续表

条款号	条款名称	编列内容
4.2.3	投标文件现场递交地点	现场递交至：
4.2.4	是否退还投标文件	□否 □是
4.5	是否投标样品	□否 □是，具体要求：
5.1	开标时间和地点	开标时间：同投标截止时间 开标地点：同现场递交投标文件地点
7.2	中标候选人公示	招标人在中国招标投标公共服务平台（http：//www.cebpubservice.com）、中国长江三峡集团有限公司电子采购平台（http：//epp.ctg.com.cn/）网站上公示中标候选人，公示期3个工作日。
7.4.1	履约担保	履约担保的形式：银行保函或保证金 履约担保的金额：签约合同价的______% 开具履约担保的银行：须招标人认可，否则视为投标人未按招标文件规定提交履约担保，投标保证金将不予退还。 （备注：300 万元及以上的合同，签订前必须提供履约保函；300 万元以下的合同，可按项目实际情况明确是否需要履约保函。）
10	需要补充的其他内容	
10.1	知识产权	构成本招标文件各个组成部分的文件，未经招标人书面同意，投标人不得擅自复印和用于非本招标项目所需的其他目的。招标人全部或者部分使用未中标人投标文件中的技术成果或技术方案时，需征得其书面同意，并不得擅自复印或提供给第三人。
10.2	电子注册	投标人必须登录中国长江三峡集团有限公司电子采购平台（http：//epp.ctg.com.cn）进行免费注册。 未进行注册的投标人，将无法参加投标报名并获取进一步的信息。 本项目投标文件的网上提交部分需要使用电子身份认证（CA）加密后上传至本电子采购平台（标书购买阶段不需使用电子钥匙），本电子采购平台的相关电子身份认证（CA）须在北京天威诚信电子商务服务有限公司指定网站办理（网址是：http：//sanxia.szzsfw.com/），请潜在投标人及时办理，并在投标截止时间至少 3 日前确认电子钥匙的使用可靠性，因此导致的影响投标或投标文件被拒收的后果，由投标人自行承担。 具体办理方法：一、请登录电子采购平台（http：//epp.ctg.com.cn/）在右侧点击“使用指南”，之后点击“CA 电子钥匙办理指南 V1.1”，下载 PDF 文件后查看办理方法；二、请直接登录指定网站（http：//sanxia.szzsfw.com/），点击右上角用户注册，注册用户名及密码，之后点击“立即开始数字证书申请”，按照引导流程完成办理。（温馨提示：电子钥匙办理完成网上流程后需快递资料，办理周期从快递到件计算 5 个工作日完成。已办理电子钥匙的请核对有效期，必要时及时办理延期!）

续表

条款号	条款名称	编列内容
10.3	投标人须遵守的国家法律法规和规章，及中国长江三峡集团有限公司相关管理制度和标准	
10.3.1	国家法律法规和规章	投标人在投标活动中须遵守包括但不限于以下法律法规和规章： (1)《中华人民共和国合同法》 (2)《中华人民共和国民法通则》 (3)《中华人民共和国招标投标法》 (4)《中华人民共和国招标投标法实施条例》 (5)《工程建设项目货物招标投标办法》(国家计委令第 27 号) (6)《工程建设项目招标投标活动投诉处理办法》(国家发展改革委等 7 部门令第 11 号) (7)《关于废止和修改部分招标投标规章和规范性文件的决定》(国家发展改革委等 9 部门令第 23 号)
10.3.2	中国长江三峡集团有限公司相关管理制度	投标人在投标活动中须遵守以下中国长江三峡集团有限公司相关管理制度： (1)《中国长江三峡集团有限公司供应商信用评价管理办法》 (2) 中国长江三峡集团有限公司供应商信用评价结果的有关通知（登录中国长江三峡集团有限公司电子采购平台：http://epp.ctg.com.cn，之后点击“通知通告”)
10.3.3	中国长江三峡集团有限公司相关企业标准	三峡企业标准：____________ 查阅网址：
10.4	投标人和其他利害关系人认为本次招标活动中涉及个人违反廉洁自律规定的，可通过招标公告中的招标采购监督电话等方式举报	

1　总则

1.1　项目概况

1.1.1　根据《中华人民共和国招标投标法》等有关法律、法规和规章的规定，本招标项目已具备招标条件，现对本项目进行招标。

1.1.2　本招标项目招标人：见投标人须知前附表。

1.1.3　本招标项目招标代理机构：见投标人须知前附表。

1.1.4　本招标项目名称：见投标人须知前附表。

1.1.5　本招标项目概况：见投标人须知前附表。

1.2　资金来源和落实情况

1.2.1　本招标项目的资金来源：见投标人须知前附表。

1.2.2　本招标项目的出资比例：见投标人须知前附表。

1.2.3　本招标项目的资金落实情况：见投标人须知前附表。

1.3　招标范围、交货要求、质量要求

1.3.1　本次招标范围：见投标人须知前附表。

1.3.2　本招标项目的交货要求：见投标人须知前附表。

1.3.3　本招标项目的质量要求：见投标人须知前附表。

1.4　投标人资格要求（适用于已进行资格预审的）

投标人应是收到招标人发出投标邀请书的单位。

1.4　投标人资格要求（适用于未进行资格预审的）

1.4.1　投标人应具备承担本招标项目的资质条件、能力和信誉。相关资质要求如下：

（1）资质条件：见投标人须知前附表；

（2）业绩要求：见投标人须知前附表；

（3）信誉要求：见投标人须知前附表；

（4）财务要求：见投标人须知前附表；

（5）其他要求：见投标人须知前附表。

1.4.2　投标人须知前附表规定接受联合体投标的，除应符合本章第 1.4.1 项和投标人须知前附表的要求外，还应遵守以下规定：

（1）联合体各方应按招标文件提供的格式签订联合体协议书，明确联合体牵头人和各成员方权利义务；

（2）由同一专业的单位组成的联合体，按照资质等级较低的单位确定联合体的资质等级；

（3）联合体各方不得再以自己名义单独或参加其他联合体在同一标段中投标。

1.4.3　投标人不得存在下列情形之一：

（1）为招标人不具有独立法人资格的附属机构（单位）；

（2）被责令停业的；

（3）被暂停或取消投标资格的；

（4）财产被接管或冻结的；

（5）在最近三年内有骗取中标或严重违约或投标设备存在重大质量问题的；

（6）投标人处于中国长江三峡集团有限公司限制投标的专业范围及期限内。

1.4.4　投标人不能作为其他投标人的分包人同时参加投标；单位负责人为同一人或者存在控股、管理关系的不同单位，不得参加同一标段投标或者未划分标段的同一招标项目投标。

1.4.5　投标人须知前附表规定接受代理商投标的，应符合本章第 1.4.1 项和投标人须知前附表的要求。

1.5　费用承担

投标人在本次投标过程中所发生的一切费用，不论中标与否，均由投标人自行承担，招标人和招标代理机构在任何情况下均无义务和责任承担这些费用。本项目招标

工作由三峡国际招标有限责任公司作为招标代理机构负责组织，中标服务费用由中标人向招标代理机构支付，具体金额按照下表（中标服务费收费标准）计算执行。投标人投标费用中应包含拟支付给招标代理机构的中标服务费，该费用在投标报价表中不单独出项。收费类型见投标人须知前附表。

中标服务费用在合同签订后 5 日内，由招标代理机构直接从中标人的投标保证金中扣付。投标保证金不足支付中标服务费用时，中标人应补足差额。招标代理机构收取中标服务费用后，向中标人开具相应金额的服务费发票。

中标服务费收费标准

服费务类型	工程类	货物类	服务类
中标金额（万元）			
100 以下	1.00%	1.50%	1.50%
100—500	0.70%	1.10%	0.80%
500—1000	0.55%	0.80%	0.45%
1000—5000	0.35%	0.50%	0.25%
5000—10000	0.20%	0.25%	0.10%
10000—50000	0.05%	0.05%	0.05%
50000—100000	0.035%	0.035%	0.035%
100000—500000	0.008%	0.008%	0.008%
500000—1000000	0.006%	0.006%	0.006%
1000000 以上	0.004%	0.004%	0.004%

注：中标服务费按差额定率累进法计算。例如：某货物类招标代理业务中标金额为 900 万元，计算中标服务费如下：

100×1.5%=1.5 万元

(500—100) ×1.1%=4.4 万元

(900—500) ×0.80%=3.2 万元

合计收费=1.5+4.4+3.2=9.1 万元

1.6　保密

参与招标投标活动的各方应对招标文件和投标文件中的商业和技术等秘密保密，违者应对由此造成的后果承担法律责任。

1.7　语言文字

1.7.1　招标投标文件使用的语言文字为中文。专用术语使用外文的，应附有中文注释。

1.7.2　投标人与招标人之间就投标交换的所有文件和来往函件，均应用中文书写。

1.7.3　如果投标人提供的任何印刷文献和证明文件使用其他语言文字，则应将有关段落译成中文一并附上，如有差异，以中文为准。投标人应对译文的正确性负责。

1.8　计量单位

所有计量均采用中华人民共和国法定计量单位。

1.9 踏勘现场

1.9.1 投标人须知前附表规定组织踏勘现场的，招标人按投标人须知前附表规定的时间、地点组织投标人踏勘项目现场。

1.9.2 投标人踏勘现场发生的费用自理。

1.9.3 除招标人的原因外，投标人自行负责在踏勘现场中所发生的人员伤亡和财产损失。

1.9.4 招标人在踏勘现场中介绍的工程场地和相关的周边环境情况，供投标人在编制投标文件时参考，招标人不对投标人据此做出的判断和决策负责。

1.10 投标预备会

1.10.1 投标人须知前附表规定召开投标预备会的，招标人按投标人须知前附表规定的时间和地点召开投标预备会，澄清投标人提出的问题。

1.10.2 投标人应在投标人须知前附表规定的时间前，在电子采购平台上以电子文件的形式将提出的问题送达招标人，以便招标人在会议期间澄清。

1.10.3 投标预备会后，招标人在投标人须知前附表规定的时间内，将对投标人所提问题的澄清，在电子采购平台上以电子文件的形式通知所有购买招标文件的投标人。该澄清内容为招标文件的组成部分。

1.10.4 招标人在会议期间澄清仅供投标人在编制投标文件时参考，招标人不对投标人据此做出的判断和决策负责。

1.11 提交偏差表

1.11.1 投标人应对招标文件的要求做出实质性的响应。如有偏差应逐条提出，并按投标文件的格式要求提出商务、技术偏差。

1.11.2 投标人对招标文件前附表中规定的内容提出负偏差将被认为是对招标文件的非实质性响应，其投标文件将被否决。

1.11.3 按投标文件格式提出偏差仅仅是为了招标人评标方便。但未在其投标文件中提出偏差的条款或部分，应视为投标人完全接受招标文件的规定。

2 招标文件

2.1 招标文件的组成

2.1.1 本招标文件包括：

第一章，招标公告/投标邀请书；

第二章，投标人须知；

第三章，评标办法；

第四章，合同条款及格式；

第五章，投标报价表；

第六章，技术规范；

第七章，投标文件格式。

2.1.2　根据本章第 1.10 款、第 2.2 款和第 2.3 款对招标文件所做的澄清、修改，构成招标文件的组成部分。

2.2　招标文件的澄清

2.2.1　投标人应仔细阅读和检查招标文件的全部内容。如发现缺页或附件不全，应及时向招标人提出，以便补齐。如有疑问，应在投标人须知前附表规定的时间前在电子采购平台上以电子文件形式，要求招标人对招标文件予以澄清。

2.2.2　招标文件的澄清将在投标人须知前附表规定的投标截止时间 15 天前在电子采购平台上以电子文件形式发给所有购买招标文件的投标人，但不指明澄清问题的来源。如果澄清发出的时间距投标截止时间不足 15 天，并且澄清内容影响投标文件编制的，招标人相应延长投标截止时间。

2.2.3　投标人在收到澄清后，应在投标人须知前附表规定的时间内以书面形式通知招标人，确认已收到该澄清。未及时确认的，将根据电子采购平台下载记录默认潜在投标人已收到该澄清文件。

2.3　招标文件的修改

2.3.1　在投标截止时间 15 天前，招标人在电子采购平台上以电子文件形式修改招标文件，并通知所有已购买招标文件的投标人。如果修改招标文件的时间距投标截止时间不足 15 天，并且修改内容影响投标文件编制的，招标人相应延长投标截止时间。

2.3.2　投标人收到修改内容后，应在投标人须知前附表规定的时间内以书面形式通知招标人，确认已收到该修改。未及时确认的，将根据电子采购平台下载记录默认潜在投标人已收到该修改文件。

3　投标文件

3.1　投标文件的组成

3.1.1　投标文件应包括下列内容：

（1）投标函；

（2）授权委托书、法定代表人身份证明；

（3）联合体协议书（如有）；

（4）投标保证金；

（5）投标报价表；

（6）技术方案；

（7）偏差表；

（8）拟分包（外购）项目情况表

（9）资格审查资料；

（10）构成投标文件的其他材料。

3.1.2 投标人须知前附表规定不接受联合体投标的，或投标人没有组成联合体的，投标文件不包括本章第3.1.1（3）目所指的联合体协议书。

3.2 投标报价

3.2.1 投标人应按第五章“投标报价表”的要求填写相应表格。

3.2.2 投标人在投标截止时间前修改投标函中的投标总报价，应同时修改第五章“投标报价表”中的相应报价，投标报价总额为各分项金额之和。此修改须符合本章第4.3款的有关要求。

3.2.3 招标人设有最高投标限价的，投标人的投标报价不得超过最高投标限价，最高投标限价或其计算方法在投标人须知前附表中载明。

3.3 投标有效期

3.3.1 在投标人须知前附表规定的投标有效期内，投标人不得要求撤销或修改其投标文件。

3.3.2 出现特殊情况需要延长投标有效期的，招标人在电子采购平台上以电子文件形式通知所有投标人延长投标有效期。投标人同意延长的，应相应延长其投标保证金的有效期，但不得要求或被允许修改或撤销其投标文件；投标人拒绝延长的，其投标失效，但投标人有权收回其投标保证金。

3.4 投标保证金

3.4.1 投标人在递交投标文件的同时，应按投标人须知前附表规定的金额、担保形式和第七章“投标文件格式”规定的投标保证金格式递交投标保证金，并作为其投标文件的组成部分。联合体投标的，其投标保证金由牵头人递交，并应符合投标人须知前附表的规定。

3.4.2 投标人不按本章第3.4.1项要求提交投标保证金的，其投标将被否决。

3.4.3 招标代理机构按投标人须知前附表的规定退还投标保证金。

3.4.4 有下列情形之一的，投标保证金将不予退还：

（1）投标人在规定的投标有效期内撤销或修改其投标文件；

（2）中标人在收到中标通知书后，无正当理由拒签合同协议书或未按招标文件规定提交履约担保。

3.5 资格审查资料（适用于已进行资格预审的）

投标人在编制投标文件时，应按新情况更新或补充其在申请资格预审时提供的资

料，以证实其各项资格条件仍能继续满足资格预审文件的要求，具备承担本招标项目的资质条件、能力和信誉。

3.5　资格审查资料（适用于未进行资格预审的）

3.5.1　“投标人基本情况表”应附投标人营业执照副本、资质证书副本、检测报告和特殊行政许可证等要求材料的扫描件。

3.5.2　“近年财务状况表”应附经会计师事务所或审计机构审计的财务会计报表，包括资产负债表、现金流量表、利润表和财务情况说明书的复印件，具体年份要求见投标人须知前附表。

3.5.3　“近年完成的类似项目情况表”应附中标通知书和（或）合同协议书、验收报告的扫描件，具体年份要求见投标人须知前附表。每张表格只填写一个项目，并标明序号。

3.5.4　“正在实施和新承接的项目情况表”应附中标通知书和（或）合同协议书扫描件。每张表格只填写一个项目，并标明序号。

3.5.5　“近年发生的诉讼及仲裁情况”应说明相关情况，并附法院或仲裁机构做出的判决、裁决等有关法律文书复印件，具体年份要求见投标人须知前附表。

3.5.6　投标人须知前附表规定接受联合体投标的，本章第3.5.1项至第3.5.5项规定的表格和资料应包括联合体各方相关情况。

3.5.7　证明满足其他资格条件所需的证明材料，包括通过质量、安全、环保认证材料，相关人员的资格证明文件等。具体要求见投标人须知前附表。

3.5.8　资格审查时需要提供原件核验的要求见投标人须知前附表。

3.6　备选投标方案

除投标人须知前附表另有规定外，投标人不得递交备选投标方案。允许投标人递交备选投标方案的，只有中标人所递交的备选投标方案方可予以考虑。评标委员会认为中标人的备选投标方案优于其按照招标文件要求编制的投标方案的，招标人可以接受该备选投标方案。

3.7　投标文件的编制

3.7.1　投标文件应按第七章“投标文件格式”进行编写，如有必要，可以增加附页，作为投标文件的组成部分。其中，投标函在满足招标文件实质性要求的基础上，可以提出比招标文件要求更有利于招标人的承诺。

3.7.2　投标文件包括网上提交的电子文件、纸质文件和现场递交的投标文件电子版（U盘），具体数量要求见投标人须知前附表。

3.7.3　纸质投标文件应用不褪色的材料书写或打印，并由投标人的法定代表人或其委托代理人签字或盖单位章。委托代理人签字的，投标文件应附法定代表人签署的授权委托

书。投标文件应尽量避免涂改、行间插字或删除。如果出现上述情况，改动之处应加盖单位章或由投标人的法定代表人或其授权的代理人签字确认。所有投标文件均需使用阿拉伯数字从前至后逐页编码。签字或盖章的具体要求见投标人须知前附表。

3.7.4　现场递交的纸质投标文件的正本与副本应分别装订成册，具体装订要求见投标人须知前附表规定。

3.7.5　现场递交的投标文件电子版（U 盘）应为未加密的电子文件，并应按照投标人须知前附表规定的格式进行编制。

3.7.6　网上提交的电子投标文件应按照投标人须知前附表规定格式进行编制。

4　投标

4.1　投标文件的密封和标记

4.1.1　投标文件现场递交部分应进行密封包装，并在封套的封口处加盖投标人单位章；网上提交的电子投标文件应加密后递交。

4.1.2　投标文件现场递交部分的封套上应写明的内容见投标人须知前附表。

4.1.3　未按本章第 4.1.1 项或第 4.1.2 项要求密封和加写标记的投标文件，招标人不予受理。

4.2　投标文件的递交

4.2.1　投标人应在投标人须知前附表规定的投标截止时间前分别在网上提交和现场递交投标文件。

4.2.2　投标文件网上提交：投标人应按照投标人须知前附表要求将编制好的投标文件加密后上传至电子采购平台，具体操作方法详见（http：//epp.ctg.com.cn）网站中“使用指南”。

4.2.3　投标人现场递交投标文件（包括纸质版和电子版）的地点：见投标人须知前附表。

4.2.4　除投标人须知前附表另有规定外，投标人所递交的投标文件不予退还。

4.2.5　在投标截止时间前，现场递交的投标文件未送达到指定地点或者网上提交的投标文件未成功上传至电子采购平台，招标人不予受理。

4.3　投标文件的修改与撤回

4.3.1　在本章第 2.2.2 项规定的投标截止时间前，投标人可以修改或撤回已递交的投标文件，但应以书面形式通知招标人。

4.3.2　投标人如要修改投标文件，必须在修改后再重新上传电子文件；现场递交的投标文件也要做出相应修改。投标人修改或撤回已递交投标文件的书面通知应按照本章第 3.7.3 项的要求签字或盖章。招标人收到书面通知后，向投标人出具签收凭证。

4.3.3　修改的内容为投标文件的组成部分。修改的投标文件应按照本章第 3 条、第 4 条规定进行编制、密封、标记和递交，并标明“修改”字样。

4.3.4　投标人撤回投标文件的，招标人自收到投标人书面撤回通知之日起 5 日内退还已收取的投标保证金。

4.4　投标文件的有效性

4.4.1　当网上提交和现场递交的投标文件内容不一致时，以网上提交的投标文件为准。

4.4.2　当现场递交的投标文件电子版与投标文件纸质版正本内容不一致时，以投标文件纸质版正本为准。

4.4.3　当电子采购平台上传的投标文件全部或部分解密失败或发生第 5.3 项紧急情形时，经监督人或公证人确认后，以投标文件纸质版正本为准。

4.5　投标样品

4.5.1　除投标人须知前附表另有规定外，投标人应提交能反映货物材质或关键部分的样品，同时应提交“样品清单”。

4.5.2　为方便评标，投标人在提供样品时，应使用透明的外包装或尽量少用外包装，但必须在所提供的样品表面显著位置标注投标人的名称、包号、样品名称、招标文件规定的货物编号。

4.5.3　样品作为投标文件的一部分，除非另有说明，中标单位的样品不再退还，未中标单位须在中标公告发布后五个工作日内，前往招标机构领取投标样品，逾期不领，招标机构将不再承担样品的保管责任，由此引发的样品丢失、毁损，招标机构不予负责。

5　开标

5.1　开标时间和地点

招标人在本章第 2.2.2 项规定的投标截止时间（开标时间）和投标人须知前附表规定的地点公开开标，并邀请所有投标人的法定代表人或其委托代理人准时参加。

5.2　开标程序（适用于电子开标）

招标人在规定的时间内，通过电子采购平台开评标系统，按下列程序进行开标：

（1）宣布开标程序及纪律；

（2）公布在投标截止时间前递交投标文件的投标人名称，并点名确认投标人是否派人到场；

（3）宣布开标人、记录人、监督人或公证人等人员姓名；

（4）监督人或公证人检查投标文件的递交及密封情况；

（5）根据检查情况，对未按招标文件要求递交投标文件的投标人，或已递交了一

封可接受的撤回通知函的投标人，将在电子采购平台中进行不开标设置；

（6）设有标底的，公布标底；

（7）宣布进行电子开标，显示投标总价解密情况，如发生投标总价解密失败，将对解密失败的按投标文件纸质版正本进行补录；

（8）显示开标记录表；（如果投标人电子开标总报价明显存在单位错误或数量级差别，在投标人当场提出异议后，按其纸质投标文件正本进行开标，评标时评标委员会根据其网上提交的电子投标文件进行总报价复核。）

（9）公证人员宣读公证词；

（10）宣布评标期间注意事项；

（11）投标人代表等有关人员在开标记录上签字确认（有公证时，不适用）；

（12）开标结束。

5.3　开标程序（适用于纸质投标文件开标）

主持人按下列程序进行开标：

（1）宣布开标纪律；

（2）公布在投标截止时间前递交投标文件的投标人名称，并点名确认投标人是否派人到场；

（3）宣布开标人、唱标人、记录人、监督人或公证人等有关人员姓名；

（4）监督人或公证人检查投标文件的递交及密封情况；

（5）确定并宣布投标文件开标顺序；

（6）设有标底的，公布标底；

（7）按照宣布的开标顺序当众开标，公布投标人名称、项目及标段名称、投标报价及其他内容，并记录在案；

（8）公证人员宣读公证词；

（9）宣布评标期间注意事项；

（10）投标人代表等有关人员在开标记录上签字确认（有公证时，不适用）；

（11）开标结束。

5.4　电子招投标的应急措施

5.4.1　开标前出现以下情况，导致投标人不能完成网上提交电子投标文件的紧急情形，招标代理机构在开标截止时间前收到电子钥匙办理单位书面证明材料时，采用纸质投标文件正本进行报价补录。

（1）电子钥匙非人为故意损坏；

（2）因电子钥匙办理单位原因导致电子钥匙办理来不及补办。

5.4.2　当电子采购平台出现下列紧急情形时，采用纸质投标文件正本进行开标：

（1）系统服务器发生故障，无法访问或无法使用系统；

（2）系统的软件或数据库出现错误，不能进行正常操作；

（3）系统发现有安全漏洞，有潜在的泄密危险；

（4）病毒发作或受到外来病毒的攻击；

（5）投标文件解密失败；

（6）其他无法进行正常电子开标的情形。

5.5　开标异议

如投标人对开标过程有异议的，应在开标会议现场当场提出，招标人现场进行答复，由开标工作人员进行记录。

5.6　开标监督与结果

5.6.1　开标过程中，各投标人应在开标现场见证开标过程和开标内容，开标结束后，将在电子采购平台上公布开标记录表，投标人可在开标当日登录电子采购平台查看相关开标结果。

5.6.2　无公证情况时，不参加现场开标仪式或开标结束后拒绝在开标记录表上签字确认的投标人，视为默认开标结果。

5.6.3　未在开标时开封和宣读的投标文件，不论情况如何均不能进入进一步的评审。

6　评标

6.1　评标委员会

6.1.1　评标由招标人依法组建的评标委员会负责。评标委员会由招标人或其委托的招标代理机构熟悉相关业务的代表，以及有关技术、经济等方面的专家组成。

6.1.2　评标委员会成员有下列情形之一的，应当回避：

（1）投标人或投标人的主要负责人的近亲属；

（2）项目行政主管部门或者行政监督部门的人员；

（3）与投标人有经济利益关系，可能影响对投标公正评审的；

（4）曾因在招标、评标以及其他与招标投标有关活动中从事违法行为而受过行政处罚或刑事处罚的；

（5）与投标人有其他利害关系。

6.2　评标原则

评标活动遵循公平、公正、科学和择优的原则。

6.3　评标

评标委员会按照第三章“评标办法”规定的方法、评审因素、标准和程序对投标文件进行评审。第三章“评标办法”没有规定的方法、评审因素和标准，不作为评标依据。

7 合同授予

7.1 定标方式

招标人依据评标委员会推荐的中标候选人确定中标人。

7.2 中标候选人公示

招标人在投标人须知前附表规定的媒介公示中标候选人。

7.3 中标通知

在本章第 3.3 款规定的投标有效期内，招标人以书面形式向中标人发出中标通知书，同时将中标结果通知未中标的投标人。

7.4 履约担保

7.4.1 中标人应按投标人须知前附表规定的金额、担保形式和招标文件第四章“合同条款及格式”规定的履约担保格式及时间要求向招标人提交履约担保。联合体中标的，其履约担保由牵头人递交，并应符合投标人须知前附表规定的金额、担保形式和招标文件第四章“合同条款及格式”规定的履约担保格式要求。

7.4.2 中标人不能按本章第 7.4.1 项要求提交履约担保的，视为放弃中标，其投标保证金不予退还，给招标人造成的损失超过投标保证金数额的，中标人还应当对超过部分予以赔偿。

7.5 签订合同

7.5.1 招标人和中标人应当自中标通知书发出之日起 30 天内，根据招标文件和中标人的投标文件订立书面合同。中标人无正当理由拒签合同的，招标人取消其中标资格，其投标保证金不予退还；给招标人造成的损失超过投标保证金数额的，中标人还应当对超过部分予以赔偿。

7.5.2 发出中标通知书后，招标人无正当理由拒签合同的，招标人向中标人退还投标保证金；给中标人造成损失的，还应当赔偿损失。

8 重新招标和不再招标

8.1 重新招标

有下列情形之一的依法必须招标的项目，招标人将重新招标：

（1）投标截止时间止，投标人少于 3 名的；

（2）经评标委员会评审后否决所有投标的；

（3）国家相关法律法规规定的其他重新招标情形。

8.2 不再招标

重新招标后投标人仍少于 3 名或者所有投标被否决的，不再进行招标。

9　纪律和监督

9.1　对招标人的纪律要求

招标人不得泄露招标投标活动中应当保密的情况和资料，不得与投标人串通损害国家利益、社会公共利益或者他人合法权益。

9.2　对投标人的纪律要求

9.2.1　投标人不得相互串通投标或者与招标人串通投标，不得向招标人或者评标委员会成员行贿谋取中标，不得以他人名义投标或者以其他方式弄虚作假骗取中标；投标人不得以任何方式干扰、影响评标工作，或以不正当手段获取招标人评标的有关信息，一经查实，招标人将否决其投标。

9.2.2　如果投标人存在失信行为，招标人除报告国家有关部门由其进行处罚外，招标人还将根据《中国长江三峡集团有限公司供应商信用评价管理办法》中的相关规定对其进行处理。

9.3　对评标委员会成员的纪律要求

评标委员会成员不得收受他人的财物或者其他好处，不得向他人透漏对投标文件的评审和比较、中标候选人的推荐情况以及评标有关的其他情况。在评标活动中，评标委员会成员不得擅离职守，影响评标程序正常进行，不得使用第三章“评标办法”没有规定的评审因素和标准进行评标。

9.4　对与评标活动有关的工作人员的纪律要求

与评标活动有关的工作人员不得收受他人的财物或者其他好处，不得向他人透漏对投标文件的评审和比较、中标候选人的推荐情况以及评标有关的其他情况。在评标活动中，与评标活动有关的工作人员不得擅离职守，影响评标程序正常进行。

9.5　异议处理

9.5.1　异议必须由投标人或者其他利害关系人以实名提出，在下述异议提出有效期间内以书面形式按照招标文件规定的联系方式提交给招标人。为保证正常的招标秩序，异议人须按本章第 9.5.2 项要求的内容提交异议。

（1）对资格预审文件有异议的，应在提交资格预审申请文件截止时间 2 日前提出；对招标文件及其修改和补充文件有异议的，应在投标截止时间 10 日前提出；

（2）对开标有异议的，应在开标现场提出；

（3）对中标结果有异议的，应在中标候选人公示期间提出。

9.5.2　异议书应当以书面形式提交（如为传真或者电邮，需将异议书原件同时以特快专递或者派人送达招标人），异议书应当至少包括下列内容：

（1）异议人的名称、地址及有效联系方式；

（2）异议事项的基本事实（异议事项必须具体）；

（3）相关请求及主张（主张必须明确，诉求清楚）；

（4）有效线索和相关证明材料（线索必须有效且能够查证，证明材料必须真实有效，且能够支持异议人的主张或者诉求）。

9.5.3 异议人是投标人的，异议书应由其法定代表人或其委托代理人签订并盖章。异议人若是其他利害关系人，属于法人的，异议书必须由其法定代表人或其委托代理人签字并盖章；属于其他组织或个人的，异议书必须由其主要负责人或异议人本人签字，并附有效身份证明复印件。

9.5.4 招标人只对投标人或者其他利害关系人提交了合格异议书的异议事项进行处理，并于收到异议书 3 日内做出答复。异议书不是投标人或者其他利害关系人提出的，异议书内容或者形式不符合第 9.5.2 项要求的，招标人可不受理。

9.5.5 招标人对异议事项做出处理后，异议人若无新的证据或者线索，不得就所提异议事项再提出异议。除开标外，异议人自收到异议答复之日起 3 日内应进行确认并反馈意见，若超过此时限，则视同异议人同意答复意见，招标及采购活动可继续进行。

9.5.6 经招标人查实，若异议人以提出异议为名进行虚假、恶意异议的，阻碍或者干扰了招标投标活动的正常进行，招标人将对异议人做出如下处理：

（1）如果异议人为投标人，将异议人的行为作为不良信誉记录在案。如果情节严重，给招标人带来重大损失的，招标人有权追究其法律责任，并要求其赔偿相应的损失，自异议处理结束之日起 3 年内禁止其参加招标人组织的招标活动。

（2）对其他利害关系人招标人将保留追究其法律责任的权利，并记录在案。

9.6 投诉

投标人和其他利害关系人认为本次招标活动违反法律、法规和规章规定的，有权向有关行政监督部门投诉。

10 需要补充的其他内容

需要补充的其他内容：见投标人须知前附表。

附件一：开标记录表

______________________（项目名称）

开标一览表

招标编号：　　　　　　　　　　　　　　标段名称：
开标时间：　　　　　　　　　　　　　　开标地点：

序号	投标人名称	投标报价（元）	备　注
1			
2			
3			
4			
5			
6			
7			
8			
9			
……			

备注：
记录人：　　　　　　　　　　　　监督人：　　　　　　　　　　　　公证人：

附件二：问题澄清通知

__________项目问题澄清通知

编号：______

________________（投标人名称）：

现将本项目评标委员会在审查贵单位投标文件后所提出的澄清问题以传真（邮件）的形式发给贵方，请贵方在收到该问题清单后逐一做出相应的书面答复，澄清答复文件的签署要求与投标文件相同，并请于______年______月______日______时前将澄清答复文件传真至三峡国际招标有限责任公司。此外该澄清答复文件电子版还应以电子邮件的形式传给我方，邮箱地址：__________。未按时送交澄清答复文件的投标人将不能进入下一步评审。

附：澄清问题清单

1.

2.

……

__________招标评标委员会

______年____月____日

附件三：问题的澄清

________________（项目名称）问题的澄清

编号：________

________________（项目名称）招标评标委员会：

问题澄清通知（编号：______________）已收悉，现澄清如下：

1.

2.

……

投标人：____________________（盖单位章）

法定代表人或其委托代理人：______________（签字）

________年____月____日

附件四：中标候选人公示和中标结果公示

（项目及标段名称）中标候选人公示
（招标编号：　　　　　）

<table>
<tr><td colspan="2">招标人</td><td></td><td>招标代理机构</td><td>三峡国际招标有限责任公司</td></tr>
<tr><td colspan="2">公示开始时间</td><td></td><td>公示结束时间</td><td></td></tr>
<tr><td colspan="2">内容</td><td>第一中标候选人</td><td>第二中标候选人</td><td>第三中标候选人</td></tr>
<tr><td colspan="2">1. 中标候选人名称</td><td></td><td></td><td></td></tr>
<tr><td colspan="2">2. 投标报价</td><td></td><td></td><td></td></tr>
<tr><td colspan="2">3. 质量</td><td></td><td></td><td></td></tr>
<tr><td colspan="2">4. 工期（交货期）</td><td></td><td></td><td></td></tr>
<tr><td colspan="2">5. 评标情况</td><td></td><td></td><td></td></tr>
<tr><td colspan="2">6. 资格能力条件</td><td></td><td></td><td></td></tr>
<tr><td rowspan="3">7. 项目负责人情况</td><td>姓名</td><td></td><td></td><td></td></tr>
<tr><td>证书名称</td><td></td><td></td><td></td></tr>
<tr><td>证书编号</td><td></td><td></td><td></td></tr>
<tr><td rowspan="3">8. 提出异议的渠道和方式（投标人或其他利害关系人如对中标候选人有异议，请在中标候选人公示期间以书面形式实名提出，并应由异议人的法定代表人或其授权代理人签字并盖章。对于无异议人名称和地址及有效联系方式、无具体异议事项、主张不明确、诉求不清楚、无有效线索和相关证明材料的异议将不予受理）。</td><td>电话</td><td></td><td></td><td></td></tr>
<tr><td>传真</td><td></td><td></td><td></td></tr>
<tr><td>Email</td><td></td><td></td><td></td></tr>
</table>

（项目及标段名称）中标结果公示

（招标人名称）根据本项目评标委员会的评定和推荐，并经过中标候选人公示，确定本项目中标人如下：

招标编号	项目名称	标段名称	中标人名称

招标人：

招标代理机构：三峡国际招标有限责任公司

日期：

附件五：中标通知书

中标通知书

________________（中标人名称）：

在________________（招标编号：____________）招标中，根据《中华人民共和国招标投标法》等相关法律法规和此次招标文件的规定，经评定，贵公司中标。请在接到本通知后的________日内与________________联系合同签订事宜。

请在收到本传真后立即向我公司回函确认。谢谢！

合同谈判联系人：

联系电话：

____

____年____月____日

附件六：确认通知

确认通知

______________________（招标人名称）：

我方已接到你方______年____月____日发出的____________________（项目名称）招标关于____________________的通知，我方已于______年____月____日收到。

特此确认。

投标人：____________________（盖单位章）

________年____月____日

第三章　评标办法（经评审的最低投标价法）

评标办法前附表

条款号		评审因素	评审标准
2.1.1	形式评审标准	投标人名称	与营业执照、相关证书一致
		投标函签字盖章	有法定代表人或其委托代理人签字或加盖单位章
		投标文件格式	符合第七章“投标文件格式”的要求
		联合体投标人（如有）	提交联合体协议书，并明确联合体牵头人
		报价唯一	只能有一个有效报价
		……	……
2.1.2	资格评审标准	营业执照	具备有效的营业执照
		生产资质	具备有效的（生产许可证/检验报告……）扫描件或证明材料
		业绩要求	符合第二章“投标人须知”第 1.4.1 项规定
		信誉要求	符合第二章“投标人须知”第 1.4.1 项规定
		财务要求	符合第二章“投标人须知”第 1.4.1 项规定
		其他要求	符合第二章“投标人须知”第 1.4.1 项规定
		……	……
2.1.3	响应性评审标准	投标内容	符合第二章“投标人须知”第 1.3.1 项规定
		交货进度	符合第二章“投标人须知”第 1.3.2 项规定
		投标有效期	符合第二章“投标人须知”第 3.3.1 项规定
		投标保证金	符合第二章“投标人须知”第 3.4.1 项规定
		权利义务	符合第四章“合同条款及格式”规定
		投标报价表	符合第五章“投标报价表”给出的范围及数量要求
		产品质量	符合第六章“技术规范”的规定
		……	……
3.1.1	初步评审	初步评审短名单确定	按照投标人的报价由低到高排序，当投标人少于 10 名时，选取排序前 5 名进入短名单；当投标人为 10 名及以上时，选取排序前 6 名进入短名单。若进入短名单的投标人未能通过初步评审，或进入短名单投标人有算术错误，经修正后的报价高于其他未进入短名单的投标人报价，则依序递补。如果数量不足 5 名时，按照实际数量选取。
3.2.1	详细评审	详细评审短名单确定	通过初步评审的投标人全部进入详细评审。

续表

条款号		评审因素	评审标准
3.2.2	详细评审标准	投标报价的处理规则	(1) 对于投标人未做说明的报价修改，招标人将把修改后的报价按比例分摊到投标报价的相关各项目（不含暂估价项目）上，调整后的报价对投标人具有约束力。投标人不接受修正价格的，其投标将被否决。 (2) 对于投标人未按招标文件规定进行报价的漏报项目应被视为含在所报价格中，但评标时招标人将把所有进入详细评审的投标人中对该项目的最高报价计入此投标人的此项评标价格。按此款所做的评标价格调整仅用于评标使用。 (3) 如投标人某项目单价明显偏低，经评标委员会认定低于成本价时，则以进入详细评审短名单的所有投标人中该项目最高单价替换此单价，重新计算其经评审的投标价。
条款号		量化因素	量化标准
		……	……

1　评标方法

本次评标采用经评审的最低投标价法。评标委员会对满足招标文件实质要求的投标文件，根据本章第 2.2 款规定的量化因素及量化标准进行价格折算，按照经评审的投标价由低到高的顺序推荐______名中标候选人，或根据招标人授权直接确定中标人，但投标报价低于其成本的除外。经评审的投标价相等时，投标报价低的优先；投标报价也相等时，注册资本金高的优先；注册资本金也相等的，由招标人自行确定。

2　评审标准

2.1　初步评审标准

2.1.1　形式评审标准：见评标办法前附表。

2.1.2　资格评审标准：见评标办法前附表。

2.1.3　响应性评审标准：见评标办法前附表。

2.2　详细评审标准

详细评审标准：见评标办法前附表。

3　评标程序

3.1　初步评审

3.1.1　初步评审短名单的确定：见评标办法前附表。

3.1.2　评标委员会依据本章第 2.1 款规定的标准对投标文件进行初步评审。有一项不符合评审标准的，其投标将被否决。

3.1.3　投标人有以下情形之一的，其投标应被否决：

（1）第二章“投标人须知”第 1.4.3 项规定的任何一种情形的；

（2）串通投标或弄虚作假或有其他违法行为的；

（3）不按评标委员会要求澄清、说明或补正的。

3.1.4　技术评议时，存在下列情况之一的，评标委员会应当否决其投标：

（1）投标文件不满足招标文件技术规格中加注星号（“＊”）的主要参数要求或加注星号（“＊”）的主要参数无技术资料支持；

（2）投标文件技术规格中一般参数超出允许偏离的最大范围；

（3）投标文件技术规格中的响应与事实不符或虚假投标；

（4）投标文件中存在的按照招标文件中有关规定构成否决投标的其他技术偏差情况。

3.1.5　投标报价有算术错误的，评标委员会按以下原则对投标报价进行修正，修正的价格经投标人书面确认后具有约束力。对于投标辅助资料中的算术错误不予修正。投标人不接受修正价格的，其投标将被否决。

（1）投标文件中的大写金额与小写金额不一致的，以大写金额为准；

（2）总价金额与依据单价计算出的结果不一致的，以单价金额为准修正总价，但单价金额小数点有明显错误的除外。

3.1.6　评标委员会将参考招标人现阶段掌握的投标人不良行为记录进行评审。

3.1.7　经初步评审后合格投标人不足 3 名的，评标委员会应对其是否具有竞争性进行评审，因有效投标不足 3 个使得投标明显缺乏竞争的，评标委员会可以否决全部投标。

3.2　详细评审

3.2.1　进入详细评审的投标人确定规则：见评标办法前附表。

3.2.2　投标报价的处理规则：见评标办法前附表。

3.2.3　评标委员会按本章第 2.2 款和 3.2.1 项规定的量化因素和标准进行价格折算（如有），计算出评标价，并编制价格比较一览表。

3.2.4　评标委员会发现投标人的报价明显低于其他投标人的报价，或者在设有标底时明显低于标底，使得其投标报价可能低于其成本的，应当要求该投标人做出书面说明并提供相应的证明材料。投标人不能合理说明或者不能提供相应证明材料的，由评标委员会认定该投标人以低于成本报价竞标，其投标将被否决。

3.3　投标文件的澄清和补正

3.3.1　在评标过程中，评标委员会可以书面形式要求投标人对所提交的投标文件中不

明确的内容进行书面澄清或说明，或者对细微偏差进行补正。评标委员会不接受投标人主动提出的澄清、说明或补正。

3.3.2　澄清、说明和补正不得改变投标文件的实质性内容（算术性错误修正的除外）。投标人的书面澄清、说明和补正属于投标文件的组成部分。

3.3.3　评标委员会对投标人提交的澄清、说明或补正有疑问的，可以要求投标人进一步澄清、说明或补正。

3.4　评标结果

3.4.1　除第二章“投标人须知”前附表授权直接确定中标人外，评标委员会按照经评审的价格由低到高的顺序推荐______名中标候选人。

3.4.2　评标委员会完成评标后，应当向招标人提交书面评标报告。

3.4.3　中标候选人在信用中国网站（http：//www.creditchina.gov.cn/）被查询存在与本次招标项目相关的严重失信行为，评标委员会认为可能影响其履约能力的，有权取消其中标候选人资格。

第三章　评标办法（最低评标价法）

评标办法前附表

条款号		评审因素	评审标准
2.1.1	形式评审标准	投标人名称	与营业执照、相关证书一致
		投标函签字盖章	有法定代表人或其委托代理人签字或加盖单位章
		投标文件格式	符合第七章“投标文件格式”的要求
		报价唯一	只能有一个有效报价
		……	……
2.1.2	资格评审标准	营业执照	具备有效的营业执照
		生产资质	具备有效的（生产许可证/检验报告……）扫描件或证明材料
		业绩要求	符合第二章“投标人须知”第1.4.1项规定
		信誉要求	符合第二章“投标人须知”第1.4.1项规定
		财务要求	符合第二章“投标人须知”第1.4.1项规定
		其他要求	符合第二章“投标人须知”第1.4.1项规定
		……	……
2.1.3	响应性评审标准	投标内容	符合第二章“投标人须知”第1.3.1项规定
		交货进度	符合第二章“投标人须知”第1.3.2项规定
		投标有效期	符合第二章“投标人须知”第3.3.1项规定
		投标保证金	符合第二章“投标人须知”第3.4.1项规定
		权利义务	符合第四章“合同条款及格式”规定
		投标报价表	符合第五章“投标文件格式”中“文件……”给出的范围及数量
		产品质量	符合第六章“技术规范”的规定
		……	……
条款号		条款内容	编列内容
2.2.1		评分权重构成（100%）	商务部分：60% 技术部分：40%
2.2.2		价格系数计算公式	$K_i=60\times(10\%\times1/m_{1i}+50\%\times1/m_{2i}+10\%\times1/m_{3i}+30\%\times1/m_{4i})+40\times(30\%\times1/n_{1i}+50\%\times1/n_{2i}+20\%\times1/n_{3i})$ 其中： m_{1i}——第i家投标人投标文件的符合性平均得分；

续表

条款号		评审因素	评审标准	
			m_{2i}——第 i 家投标人业绩与信誉平均得分； m_{3i}——第 i 家投标人财务状况平均得分； m_{4i}——第 i 家投标人投标报价的合理性平均得分； n_{1i}——第 i 家投标人技术能力平均得分； n_{2i}——第 i 家投标人质量措施、货物质量平均得分； n_{3i}——第 i 家投标人交货、包装和服务平均得分。	
2.2.3		评标价计算公式	$Q_i = Q_{0i} \times K_i$ 其中： Q_i——第 i 家投标人的评标价； Q_{0i}——第 i 家投标人的投标修正价； K_i——第 i 家投标人的价格系数。	
条款号		评分因素	评分标准	权重
2.2.4（1）	商务部分评分标准（100%）	投标文件的符合性（m_1）	检查投标文件商务部分在内容与项目上的完整性、响应性及商务偏差。（评分结果分为 A—D 四个档次）	10%
		业绩与信誉（m_2）	通过审查投标人的以往业绩情况，以及用户的证明材料判断投标人是否具有良好的商业信誉。（评分结果分为 A—D 四个档次）	50%
		财务状况（m_3）	评价投标人财务状况，包括近 3 年财务状况。（评分结果分为 A—D 四个档次）	10%
		投标报价的合理性（m_4）	分析对比主要报价的合理性。（评分结果分为 A—D 四个档次）	30%
2.2.4（2）	技术部分评分标准（100%）	技术能力（n_1）	（1）制造厂设计、制造加工能力、检测设施和手段及技术力量； （2）已制造并投入运行的满足招标文件资质条件要求的供货业绩、运行情况和用户评价； （3）制造厂生产设备工艺水平。（评分结果分为 A—D 四个档次）	30%
		质量措施、货物质量（n_2）	（1）质量保证体系和措施、质量异议处理措施； （2）技术偏差； （3）技术性能参数。 （评分结果分为 A—D 四个档次）	50%
		交货、包装和服务（n_3）	（1）交货进度：根据投标人提交的交货进度表审查投标人对交货进度的响应情况；核查投标人是否提交符合招标文件要求的工作进度计划，评价工作进度计划是否合理、可行；现有合同项目对本项目的制造进度的影响； （2）运输方式、中转方案； （3）包装方式； （4）服务方案、服务承诺。（评分结果分为 A—D 四个档次）	20%

续表

条款号		评审因素	评审标准
3.1.1	初步评审	初步评审短名单的确定	按照投标人的报价由低到高排序，当投标人少于10名时，选取排序前5名进入短名单；当投标人为10名及以上时，选取排序前6名进入短名单。若进入短名单的投标人未能通过初步评审，或进入短名单投标人有算术错误，经修正后的报价高于其他未进入短名单的投标人报价，则依序递补。如果数量不足5名时，按照实际数量选取。
3.2.1	详细评审	详细评审短名单的确定	通过初步评审的投标人全部进入详细评审。
3.2.2	详细评审	投标报价的处理规则	（1）对于投标人未做说明的报价修改，招标人将把修改后的报价按比例分摊到投标报价的相关各项目（不含暂估价项目）上，调整后的报价对投标人具有约束力。投标人不接受修正价格的，其投标将被否决。 （2）对于投标人未按招标文件规定进行报价的漏报项目应被视为含在所报价格中，但评标时招标人将把所有进入详细评审的投标人中对该项目的最高报价计入此投标人的此项评标价格。按此款所做的评标价格调整仅用于评标使用。 （3）如投标人某项目单价明显偏低，经评标委员会认定低于成本价时，则以进入详细评审短名单的所有投标人中该项目最高单价替换此单价，重新计算其经评审的投标价。

1　评标方法

本次评标采用最低评标价法。评标委员会对满足招标文件实质要求的投标文件，按照本章第2.2款规定的评分标准进行打分。然后，按照规定的办法折算成价格系数，价格系数乘以各投标人的投标修正价即得到各投标人的评标价，按评标价由低到高推荐________名中标候选人，或根据招标人授权直接确定中标人，但投标报价低于其成本的除外。当评标价相等时，投标报价低的优先；投标报价也相等的，由招标人自行确定。

2　评审标准

2.1　初步评审标准

2.1.1　形式评审标准：见评标办法前附表。

2.1.2　资格评审标准：见评标办法前附表。

2.1.3　响应性评审标准：见评标办法前附表。

2.2　评分权重构成与评分标准

2.2.1　评分权重构成

（1）商务部分：见评标办法前附表；

（2）技术部分：见评标办法前附表。

2.2.2 价格系数计算

价格系数计算方法：见评标办法前附表。

2.2.3 评标价的计算

评标价的计算公式：见评标办法前附表。

2.2.4 评分标准及子项权重

（1）商务部分评分标准：见评标办法前附表；

（2）技术部分评分标准：见评标办法前附表。

3 评标程序

3.1 初步评审

3.1.1 初步评审短名单的确定：见评标办法前附表。

3.1.2 评标委员会可以要求投标人提交第二章“投标人须知”第3.5.1项至第3.5.4项规定的有关证明和证件的原件，以便核验。评标委员会依据本章第2.1款规定的标准对投标文件进行初步评审。有一项不符合评审标准的，评标委员会应当否决其投标。

3.1.3 投标人有以下情形之一的，评标委员会应当否决其投标：

（1）第二章“投标人须知”第1.4.3项规定的任何一种情形的；

（2）串通投标或弄虚作假或有其他违法行为的；

（3）不按评标委员会要求澄清、说明或补正的。

3.1.4 技术评议时，存在下列情况之一的，评标委员会应当否决其投标：

（1）投标文件不满足招标文件技术规格中加注星号（“*”）的主要参数要求或加注星号（“*”）的主要参数无技术资料支持；

（2）投标文件技术规格中一般参数超出允许偏离的最大范围；

（3）投标文件技术规格中的响应与事实不符或虚假投标；

（4）投标文件中存在的按照招标文件中有关规定构成否决投标的其他技术偏差情况。

3.1.5 投标报价有算术错误的，评标委员会按以下原则对投标报价进行修正，修正的价格经投标人书面确认后具有约束力。对于投标辅助资料中的算术错误不予修正。投标人不接受修正价格的，其投标将被否决。

（1）投标文件中的大写金额与小写金额不一致的，以大写金额为准；

（2）总价金额与依据单价计算出的结果不一致的，以单价金额为准修正总价，但单价金额小数点有明显错误的除外。

3.1.6 评标委员会将参考招标人现阶段掌握的投标人不良行为记录进行评审。

3.1.7 经初步评审后合格投标人不足3名的，评标委员会应对其是否具有竞争性进行评审，因有效投标不足3个使得投标明显缺乏竞争的，评标委员会可以否决全部投标。

3.2 详细评审

3.2.1 进入详细评审的投标人确定：见评标办法前附表。

3.2.2 投标报价的处理规则：见评标办法前附表。

3.2.3 评分按照如下规则进行。

（1）评分由评标委员会以记名方式进行，参加评分的评标委员会成员应单独打分。凡未记名、涂改后无相应签名的评分票均作为废票处理。

（2）评分因素按照A—D四个档次评分的，A档对应的分数为100—90（含90），B档90—80（含80），C档80—70（含70），D档70—60（含60）。评标委员会讨论各个进入详细评审阶段的投标人在各个评审因素上的档次，评标委员会成员宜在讨论后决定的评分档次范围内打分，如评标委员会成员对评分结果有不同看法，也可超档次范围打分，但应在意见表中陈述理由。

（3）评标委员会成员打分汇总方法，参与打分的专家超过5名（含5名）以上时，汇总时去掉单项评价因素的最高分和最低分，以剩余样本的算术平均值作为投标人的得分。

（4）评分分值的中间计算过程保留小数点后三位，小数点后第四位“四舍五入”；评分分值计算结果保留小数点后两位，小数点后第三位“四舍五入”。

3.2.4 评标委员会按本章第2.2.4款规定的量化因素和分值进行打分，然后按照2.2.2款公式计算价格系数，再按照2.2.3款公式计算出评标价。

3.2.5 评标委员会发现投标人的报价明显低于其他投标报价，或者在设有标底时明显低于标底，使得其投标报价可能低于其成本的，应当要求该投标人做出书面说明并提供相应的证明材料。投标人不能合理说明或者不能提供相应证明材料的，由评标委员会认定该投标人以低于成本报价竞标，否决其投标。

3.3 投标文件的澄清和补正

3.3.1 在评标过程中，评标委员会可以书面形式要求投标人对所提交的投标文件中不明确的内容进行书面澄清或说明，或者对细微偏差进行补正。评标委员会不接受投标人主动提出的澄清、说明或补正。

3.3.2 澄清、说明和补正不得改变投标文件的实质性内容。投标人的书面澄清、说明和补正属于投标文件的组成部分。

3.3.3 评标委员会对投标人提交的澄清、说明或补正有疑问的，可以要求投标人进一步澄清、说明或补正。

3.4 评标结果

3.4.1 除第二章“投标人须知”前附表授权直接确定中标人外，评标委员会按照评标价由低到高的顺序推荐________名中标候选人。

3.4.2 评标委员会完成评标后，应当向招标人提交书面评标报告。

3.4.3 中标候选人在信用中国网站（http：//www.creditchina.gov.cn/）被查询存在与本次招标项目相关的严重失信行为，评标委员会认为可能影响其履约能力的，有权取消其中标候选人资格。

第四章　合同条款及格式

一、合同协议书

合同名称：

合同编号：

为保证________________建设的需要，本合同协议书由____________（以下简称“买方”）与__________（以下简称“卖方”）本着平等互利、协商一致的原则于____年____月____日签署，以共同遵守执行。

本协议中所用术语的含义与下述合同条款中相应术语的含义相同。

1　合同货物、数量和价格

1.1　货物、数量

卖方承担______工程建设所需的______年建筑用钢材采购的供应，预计供应总数量约______万吨，实际采购量以合同条款中第三条规定供应时段内实际用量为准。

1.2　合同价格

1.2.1　钢材的交货单价由出厂价加运杂费组成

钢材运杂费指从钢材装车开始，一直到买方______工地指定交货地点全过程中的装车、运输、损耗、包装费、短倒（含投标人厂区内和中转至______工地指定交货地点短倒）、过桥、过路、过渡、储存、返空及各种规费、保险费以及货物到达买方指定地点的所有其他费用。

1.2.2　合同价格中必须包括合同货物本身已支付或将支付的所有税费和中标服务费。

1.2.3　本合同期内，价差调整按合同条款第十四条执行。

1.2.4　钢材交货的交货单价（元/吨）：

序号	名称	钢材规格		运输方式	出厂单价①	运杂费②	交货单价（含税）③=①+②	交货单价（不含税）	增值税	增值税税率
		直径	定尺（米）							
1				汽车直运						
………				………						

注：交货单价为买方________工地指定钢材仓库或工地指定地点车板交货价，交付前的一切风险由卖方承担。

2　合同文件的组成部分

2.1　合同协议书；

2.2　中标通知书；

2.3　投标函；

2.4　合同条款；

2.5　技术规范；

2.6　经评审确认的具有标价的报价清单；

2.7　招标文件及补遗文件、经买方认可的投标文件及相关附件（含评标过程中澄清答疑文件）；

2.8　其他合同文件

合同履行中，经双方确认的有关钢材采购的洽商、变更等书面协议或文件视为本合同的组成部分。上述文件是互为补充和解释的，但如有模棱两可或互相矛盾处，以上面所列顺序在前的为准，同顺序的以文件形成时间在后的为准。

3　鉴于买方将按下条规定付款给卖方，卖方在此立约承担合同规定的卖方的全部义务和责任，保证：

（1）全面按合同规定完成本合同设备材料的供货和服务；

（2）确保货物及服务满足合同要求。

4　作为对本合同项目供货和服务的报酬，买方在此立约，保证按合同规定向卖方支付合同价款，承担合同规定的买方的全部义务和责任。

5　本合同经双方法定代表人或其委托代理人签字、加盖单位章，并且卖方在规定的时间内提供了合格的履约担保后即开始生效，至本合同全部义务履行完成后终止。

6　本合同未尽事宜，双方协商解决或签订补充文件，补充文件与本合同条款具有同等效力。

7　本合同正本二份，双方各执一份，合同副本十份，买方执八份，卖方执二份。

买　　方：________________	卖　　方：________________
法定代表人或	法定代表人或
其委托代理人：____________	其委托代理人：____________
地　　址：________________	地　　址：________________
邮　　编：________________	邮　　编：________________
电　　话：________________	电　　话：________________
传　　真：________________	传　　真：________________

二、合同条款

第一条　定义

下列术语在合同中使用时具有如下含义：

1.1　“合同”系指中标厂商（卖方）与买方按照本合同条款签订的供货协议。

1.2　“合同价格”系指根据合同要求，在卖方全面正确地履行合同义务时，买方按照本合同条款应支付给卖方的款项。

1.3　“货物”系指卖方按合同要求须向买方提供的所有钢材、材质证明书及技术文件。

1.4　“服务”系指合同规定卖方必须承担的检验、到货验收、异议处理、技术协助及其他类似的义务。

1.5　买方：指__________________。

1.6　卖方：指投标已为招标人接受生产并提供合同货物的法人单位，在投标阶段为投标人。

1.7　“验收”系指买方根据合同约定的程序和条件对货物进行检查、检验和接受。

1.8　“供货单位”系指______ 工程买方选定的工程供货商。

1.9　“监理单位”系指______ 工程买方选定的工程施工和物资供应监理单位。

1.10　“买方代理”系指受买方委托对采购合同具体执行的单位，本合同中指______。

第二条　供货范围

2.1　合同规定的货物：__________（______年）工程用钢材。

2.2　合同规定应提供的服务。

第三条　交货期

3.1　供货时间为合同生效日至____年____月____日分批交货，应按照买方下达的月度材料供应计划供货。买方根据需要有权顺延本合同的合同期（最长顺延__6__个月）。在合同顺延期期间，本合同的价格和所有条款继续对双方有约束力。

3.2　卖方按照买方提供的月度需用计划、调整计划、应急调峰计划需用量的要求，按规定的交货时间、地点供应，卖方保证在________天内交货，不得影响工程施工。如卖方延迟交货，需得到买方同意。

3.3　买方根据______ 工程施工要求，在每月 27 日前（遇公休日顺延）向卖方提供下月需用计划，月调整计划于下月 10 号前提出，应急调峰计划于交货前 3 天前提出，卖方据此供货。

3.4　卖方必须及时向买方或买方代理报送钢材供应周报和月报。

第四条　包装标准、包装物的供应与回收

4.1　本合同交货的钢材在到货时必须确保每一捆钢材有 2 个或以上的铭牌，并与出厂质量保证书对应。

4.2　本合同交货的棒材均为定尺交货，包装整齐，交货时不能散捆，不出现弯曲、扭曲等变形；同品种、同规格、同定尺的钢材每捆支数相同。

4.3　卖方向买方交货时，包装用袋、包装标志应符合国家标准（GB2101、GB2102）（以最新标准为准），包装物的回收按照国家和______工程的相关规定执行。

第五条　仓储及运输

5.1　卖方自行组织钢材的中转、仓储和运输，卖方应具备完成本合同所需的中转及仓储手段。

5.2　按买卖双方协商决定的方式运输，卖方自行负责组织承运。

5.3　卖方必须保证买方分月及调整计划需用量，并考虑必要的调峰能力，确保____________工程的施工需要。

5.4　卖方在运输时，必须遵纪守法，服从交通管理部门的管理，运输到______工区，必须服从工区的统一管理、指挥和调度。

第六条　交货通知

6.1　买方或买方代理应在交货前根据卖方在投标时承诺的从接到发货通知到指定地点交货的供货周期提前将合同号、货名、发货数量、到货日期等书面通知卖方，以便卖方及时生产、发运，卖方收到书面通知后需进行书面确认。因买方或买方代理未及时通知卖方而造成的未及时到货由买方负责。部分交货批次可能不构成火车或汽车整车运输批量，可拼车运输。

6.2　卖方应按照买方根据 6.1 款的通知按时提供所要求的全部品种、规格和数量的货物，如所提供的品种和/或规格和/或数量和/或到货日期不满足通知中的要求，买方可提出相应的索赔。

6.3　卖方在货物全部装运完毕 24 小时内，立即将合同号、货名、数量、毛重、体积、车号、发运日期等书面告知买方和买方代理，以便组织接货。因卖方未及时通知买方而造成的损失由卖方承担。

6.4　未经买方事先书面同意，卖方装运的货物不得超过交货通知规定的数量，否则卖方应承担由此产生的一切费用及法律责任。

第七条　交货与售后服务

7.1　钢材的交货单位和接货单位

7.1.1　钢材的交货单位是卖方。

7.1.2　钢材接货单位是买方指定的单位，具体单位名称届时由买方以书面形式或月计划通知卖方。

7.2　交货地点：卖方供应到__________工地的钢材必须按照买方的要求直供至__________工地指定地点。

7.3　卖方在______工地的业务人员的办公和生活费用由卖方自理。

7.4　在买方对合同货物的加工、使用过程中，货物出现缺陷，在接到买方的通知后，卖方都应在24小时内赶到现场与买方协商处理。

7.5　在买方对合同货物的加工、使用过程中，出现因卖方制造、工艺等方面的原因所发生的缺陷，卖方应负责及时进行处理，所发生的费用由卖方承担；因买方使用不当所造成的损失，卖方仍负责按买方要求换货或维护修理，所发生的费用由买方承担。

7.6　卖方应向买方提供货物的出厂质量证明书和其他必要的技术资料。

第八条　计量单位和计量方法

8.1　计量单位为：____________。

8.2　计量方法：______________。

第九条　验收

9.1　**数量**

卖方交货责任人与买方指定的收货单位责任人在__________工地现场或买方指定__________其他地点当场验货，办理货物交接，以双方共同确认的数量为准。买方在交货地点有权随时进行抽检卖方交货产品的质量，如发现品质不符合本合同规定，买方有权拒收、拒付合同价款，并追究卖方由此造成买方的经济损失。

9.2　**验收标准**

按第十条中的质量标准进行验收。卖方必须配合买方委托的质检单位的取样工作，在买方委托的质检部门抽取样品后，卖方需在取样单上签字确认，并自行保留一份封样，以便校核。

第十条　质量

10.1　卖方的货物性能应符合招标文件中质量条款的规定，若质量条款中无规定，则应符合国家及有关主管部门最新颁布的相应的正式标准。

10.2　卖方应保证所供货物为投标时承诺的生产厂家生产，不得随意变动原产地及标的物品牌。卖方应保证其提供的货物为新品，符合合同规定的质量标准、规格、定尺、技术性能等。卖方承诺其货物在买方验收、制作、安装等任何工艺环节，其所供货物均能符合合同质量条款要求；在任何环节出现任何不符合合同质量条款的情况，卖方承诺在买方要求的时间内，更换有缺陷的钢材，并按第十八条及第十九条原则承担买方索赔和违约金。

10.3　卖方应在货物到货验收前向买方提供材料出厂质量证明书及其技术资料。

10.4　本合同除以下条款有特别规定外，按照《钢及钢产品交货一般技术要求》（GB17505，年号以最新标准为准）有关规定执行。交货验收地点为________工地买方指定的仓库或工地指定地点。

10.5　本次所招标钢材分别执行以下产品标准（年号以最新标准为准）：

热轧带肋钢筋　　　　执行 GB1499.2

热轧光圆钢筋　　　　执行 GB1499.1

热轧圆钢　　　　　　执行 GB/T702/GB/T700

10.6　本合同交货的钢材在供货中均为新品，到货物资表面无油污（或其他腐蚀性化学物质侵蚀），不能有明显的、影响握裹力的表面氧化铁皮存在。

10.7　本合同交货的热轧带肋钢筋除执行 GB1499.2（以最新标准为准）以外，对质量作以下要求：

（1）钢筋表面不能有任何肉眼可见的裂纹，包括细小裂纹和其他表面缺陷；

（2）为能够进行各种机械连接，钢筋端头剪切正直，不能有飞边、弯头、切头不净等缺陷。

10.8　本合同交货的钢材在到货时必须确保每一捆钢材有 2 个或以上的铭牌，并与出厂质量保证书对应。

10.9　本合同交货的棒材均为定尺交货，包装整齐，交货时不能散捆，不出现弯曲、扭曲等变形；同品种、同规格、同定尺的钢材每捆支数相同。

第十一条　知识产权

卖方须保障买方使用其产品、服务及其任何部分而不受第三方关于侵犯专利权、商标权和设计权的指控。任何第三方如果提出侵权指控，卖方须与第三方交涉并承担可能发生的一切法律和费用责任。买方承诺对卖方产品技术保密。

第十二条　对钢材质量争议的处理办法

12.1　货物到达交货地点后的清点验收，是由买方或买方代理或其委托仓库进行，主要是清点货物，卖方代表是否参加清点验收自行决定。

12.2　现场的抽检由买方进行，验收合格后向卖方开具“材料验收单”。如抽检不合格，卖方必须按质量条款要求进行处理，若需复检则必须供需双方共同进行。如复检仍不合格，买方将视具体情况向卖方提出索赔要求。

12.3　按定尺交货的钢材验收实行理论计重。

12.4　本合同交货的钢材在到货验收、工地抽检、加工制作、工程验收等各个阶段出现外观质量缺陷、技术资料不完整、不规范、不对应、性能试验不合格或其他与钢材质量有关的争议，卖方应在买方通知后 24 小时内到达现场，及时协商退货、换货、复检或仲裁。

12.5　外观质量缺陷的处理：在钢材到货验收、工地抽检或加工制作中，按照钢材产品标准或订货要求发现存在外观质量缺陷的钢材时，卖方应及时到场予以确认，并根据验收方要求予以退货、换货，且换货的交货期不得影响工程工期。

12.6　技术资料不完整、不规范、不对应：到货钢材出现任何技术资料不完整、不规范、与实物标牌标志不对应，或其他不符合合同和标准要求的问题，卖方必须及时予以补充或更换，否则买方有权拒绝验收。

12.7　性能试验不合格：在任何环节的检测或抽检中，若出现性能试验不合格的批次，买方将对不合格炉批号加倍抽样复检，若复检仍不合格，双方应共同进行复检或直接退货。

12.8　当供需双方发生诸如对试验结果、试验程序及对产品标准理解等方面的争议，且不能通过协商达成一致时，应按第二十五条解决争端。

12.9　钢材进入生产工艺后的质量保证在买方制作与安装期间，如发现材料质量问题，卖方要及时处理，并承担买方由此造成的直接损失。

第十三条　价款的结算

13.1　结算货币：买方以人民币支付给卖方价款。

13.2　结算时段：按月结算价款（结算月划分：年初元月 1 日至 25 日，年中每月 26 日至下月 25 日，年末 11 月 26 日至 12 月 31 日）。

13.3　结算时间：卖方需按要求提供合格的支付手续，买方在取得卖方合格的支付手续后 15 日内完成货款支付（节假日及公休日顺延）。

13.4　价款金额的计算

价款金额＝合同交货单价×验收数量（数量为买卖双方共同验收确认的数量）

13.5　价差结算：价差每季度结算一次。中介机构________完成价差调整月当月价格指数测算报告后，买方在次月结算时一并办理前一季度的价差款结算。

13.6　结算付款条件

13.6.1　卖方货物到达验收地点，买方或买方代理在 15 日内组织验收，卖方提供材料质量证明书等技术资料给买方，若双方对货物质量、数量均无异议，买方应及时开出“材料验收单”。

13.6.2　卖方凭合同、质量证明书（原件）、“材料验收单”、增值税专用发票（其中运输专用发票可以原票照转）到买方代理并由其代办结算业务，凭以上单据及经批准的支付申请单到买方财务部门结算货款。

13.6.3　如果卖方提供了不合格的产品且不及时处理或处理结果不符合买方要求的，

买方有权扣留该批货物全部或部分价款作为补偿。

13.6.4　买方可以接受卖方委托，将运输费用款项直接汇往承运方账户，每笔付款卖方必须开具加盖合同专用章的书面委托付款证明。

13.7　卖方结算账户

收款账户名称：

开户行：

账　号：

13.8　纳税人信息：

单位名称：＿＿＿＿＿＿＿＿＿＿＿；

纳税人识别号：＿＿＿＿＿＿＿＿＿；

地址：＿＿＿＿＿＿＿＿＿＿＿＿＿；

电话：＿＿＿＿＿＿＿＿＿＿＿＿＿；

开户行名称：＿＿＿＿＿＿＿＿＿＿；

账户：＿＿＿＿＿＿＿＿＿＿＿＿＿。

13.9　卖方应按照结算款项金额向甲方提供符合税务规定的增值税专用发票，买房在收到卖方提供的合格增值税专用发票后支付款项。

卖方应确保增值税专用发票真实、规范、合法，如卖方虚开或提供不合格的增值税专用发票，造成买方经济损失的，卖方承担全部赔偿责任，并重新向买方开具符合规定的增值税专用发票。

合同变更如涉及增值税专用发票记载项目发生变化的，应当约定作废、重开、补开、红字开具增值税专用发票。如果收票方取得增值税专用发票尚未认证抵扣，收票方应在开票之日起 180 天内退回原发票，则可以由开票方作废原发票，重新开具增值税专用发票；如果原增值税专用发票已经认证抵扣，则由开票方就合同增加的金额补开增值税专用发票，就减少的金额依据收票方提供的红字发票信息表开具红字增值税专用发票。

第十四条　价差调整

14.1　本合同由于物价涨落产生的价差按月计算，自合同生效执行供货开始。按季度结算。

14.2　价格指数按本合同有关规定，按钢材价格涨幅综合计算确定。价差包括正价和负价差，由下面公式计算：

价差调整公式：$C=Q\times P\times(K-1)$

C——价差调整月的价差计算额

Q——价差调整月钢材交货数量

P——合同签订交货单价

K——钢材价格指数，由买方根据确定的价格调整月至价格调整基期价格指数计算确定。

14.3　钢材价格指数

14.3.1　价格调整基期为投标截止日当月国家发展和改革委员会价格监测中心发布的价格。

14.3.2　钢材价格采集

1. 采集代表品种

热轧带肋钢筋 φ28 占 85%，热轧光圆钢筋 φ16 占 10%，热轧光圆钢筋 φ6.5 占 5%。采集代表品种不分牌号（根据工程实际情况调整）

2. 采集地区

按工程所在地__________省、__________省各占 50%（根据工程实际情况调整）。

3. 价格依据

国家发展和改革委员会价格监测中心“中国市场价格行情”发布的价格，中国价格信息网（www.chinaprice.gov.cn）。

14.3.3　价格指数计算公式

$K = K_1 \times 85\% + K_2 \times 10\% + K_3 \times 5\%$

其中：

K_1——调价月热轧带肋钢筋（代表品规格 φ28）价格指数；

$$K_1 = \frac{\text{价月期价格中心布价格的算平均值（螺纹钢 φ28）}}{\text{投截止日月价格中心布的价格（螺纹钢 φ28）}}$$

K_2——调价月热轧光圆钢筋（代表品规格 φ16）价格指数；

$$K_2 = \frac{\text{价月期价格中心布价格的算平均值（圆钢 φ16）}}{\text{投截止日月价格中心布的价格（圆钢 φ16）}}$$

K_3——调价月热轧光圆钢筋（代表品规格 φ6.5）价格指数；

$$K_3 = \frac{\text{价月期价格中心布价格的算平均值（线材 φ6.5）}}{\text{投截止日月价格中心布的价格（线材 φ6.5）}}$$

14.3.4　中介机构（__________）按上述规定在国家发展和改革委员会价格监测中心发布全国钢材市场行情后的十个工作日之内，完成价差调整期当期价格指数测算报告，买卖双方据此按上述规定的价差计算办法计算价差。

14.4　运杂费调差（可选择项目）

在合同期内买方仅在 0# 柴油价格市场波动超过 ±10% 时，对合同价格中的运杂费进行调差（0# 柴油价格市场波动±10%以内，合同价格不作调整），其他因素引起的交货单价变化的风险应包括在合同价格中，合同执行期间不予调整。运杂费调差每半年进行一次，调差计算方法如下：

A=B×35%×［（C−D）/D±10%］×E

0# 柴油费用在运杂费中的占比为 35%；

±10%：0# 柴油价格上涨时为−10%，下降时为+10%。

A：运杂费调差额（单位：元）；

B：合同约定的运杂费单价（单位：元/吨）；

C：调差当期________省发改委发布的________市场 0# 柴油零售价格（单位：元/升）；

D：开标当日________省发改委发布的________市场 0# 柴油零售价格（______年____月____日______市场 0# 柴油零售价格为：　　元/升）；

E：调差当期的合同验收量（单位：吨）。

第十五条　商务单据

15.1　卖方向买方提供与到货数量相符的全额增值税专用发票，其中运输增值税专用发票可以原票照转，但发票抬头必须与 13.8 条增值税发票抬头一致，并注明合同号，数量与买方仓库验收数量必须一致，其他厂内及铁路装卸服务等杂费发票，买方均不接受。

15.2　分车发运时每车货物应有发运码单和质量证明书各一份，质量证明书、码单在货物到货验收时交买方验收人，并在货款结算时交买方或买方代理一份质量证明书原件或加盖卖方合同章的复印件。

第十六条　保险

卖方承担交货前的一切责任与费用，货物交验前一切保险由卖方负责，其费用已包含在合同价内。

第十七条　税金

卖方承担纳税义务，税种和税额依法办理，所有应纳税金已含在合同价内。

第十八条　索赔

18.1　在货物验收和使用过程中，如发现质量缺陷，买方有权向卖方提出索赔，卖方应根据买方的索赔要求，对货物进行完全或者部分替换。若卖方收到索赔通知后 15 个日历日内不答复，应视为卖方同意买方提出的一切索赔。

18.2　双方的任何索赔要求，应在事件发生的 10 天内书面通知对方。按本合同规定应该偿付的违约金、赔偿金、保管费和各种经济损失，应当在明确责任后 30 天内结算完毕，否则，应按逾期付款加倍处罚。

第十九条　违约责任

19.1　买方或卖方未履行本合同义务均属违约，均应向对方承担因违约而造成的损失。

19.2　买方未能在合同规定的日期内组织验收和结算（非卖方责任），由此引起卖方的损失费用由买方承担。

19.3　卖方未能在合同规定的日期或经双方协商同意的延期期限内交货及提交技术文件，由此造成的买方损失由卖方承担。

19.4　卖方必须按买方下达的月计划按时组织供应，若因卖方原因延迟供应______天及以上，以未按时供应货物货款的________%作为违约金额，累计违约金额不超过履约保证金。违约金额在次月货款结算时直接扣除。

19.5　对于卖方未能按照合同规定全面履约的失信行为，买方将按照《中国长江三峡集团有限公司供应商信用评价管理办法（试行）》中的相关规定（查阅网址：epp.ctg.com.cn）进行处理。

第二十条　合同变更和终止

20.1　如果因卖方违反本合同规定，以致卖方继续执行合同将给买方造成损失时，买方有权下达书面“变更合同指令”。对此，卖方不得拒绝，由此引起的费用增加和交货延期由卖方承担责任。

20.2　买方在任何时候都可在合同总体范围内向卖方对如下几点发出书面变更指示：

A. 运输方式或包装；

B. 交货时间；

C. 交货地点；

D. 技术变更；

E. 交货数量。

20.3　若20.2款的任何变更导致履行合同项下任何部分义务所需时间和费用的增减，应对交货时间和费用进行合理调整；卖方必须在接到买方的变更指示后14天内根据本款提出调整要求。

20.4　卖方为补救违约而采取的任何其他措施仍然使得买方无法避免损害的情况下，买方可向卖方发出书面违约通知书，终止全部或部分合同。

20.4.1　如果卖方未能在合同规定的期限内或买方同意的任何期限内交付部分或全部货物，买方可终止部分或全部合同，买方可以按其认为适当的条件和方式采购类似未交部分的货物。卖方应承担买方类似货物的额外费用，但是，卖方应继续履行合同中未终止的部分。

20.4.2　卖方未能履行合同项下的任何其他义务，在上述任何一种情况下，卖方收到买方发出的违约通知书后3天（或买方确认的更长时间）后仍未纠正其过失。

20.5　当买方或卖方一方破产或因国家政策性变更而无法继续履行合同义务时，应及时以书面形式通知对方，提出终止合同。该终止合同应以不损害对方利益为条件。

20.6　由于出现第二十二条款规定的情况，经双方协商达成的协议，作为合同补充文件。

第二十一条　转让与分包

21.1　除买方事先书面同意外，卖方不得部分转让或全部转让其应履行的合同项下的义务。

21.2　买方同意的分包合同并不解除卖方承担的本合同项下的任何责任或义务。

第二十二条　不可抗力

22.1　不可抗力是指买、卖双方在缔结合同时所不能预见的，并且它的发生及其后果是无法避免和无法克服的自然灾害和战争等。

22.2　买卖双方的任何一方由于不可抗力的原因，不能履行合同时，应及时向对方通报不能履行或不能完全履行合同的理由，在取得有关主管机关证明后，允许延期履行、部分履行或者不履行合同，并根据情况可部分或全部免予因此而承担的违约责任。

第二十三条　履约担保

本合同签订后的十个工作日内，卖方需按招标文件规定的格式向买方提供人民币________万（大写：________万元）金额的履约保函或履约保证金。

第二十四条　防止贿赂

供应商应严格遵守双方签署的廉政合同，维护________建筑市场的正常秩序。本合同有效期内，禁止卖方利用各种形式向买方行贿，一经发现并证实，除按国家有关规定对当事人进行处罚外，买方有权中止本合同；同时禁止买方利用各种形式向卖方索贿，一经发现并证实，除按国家有关规定对当事人进行处罚外，卖方有权向买方索赔由此造成的经济损失。

第二十五条　合同争端及解决

25.1　为合同目的，在履行合同规定的全部义务期间，买卖双方均应本着实事求是、平等互利、诚实信用、协商一致的原则，公正、合理地解决合同实施过程中出现的任何合同争端。

25.2　除合同在争端提交解决期间已被中止外，任何情况下卖方都应尽一切努力继续实施并完成本合同规定的供货任务，买方也应根据合同实施并完成的供货质量和数量，支付相应的货款和费用。

25.3　协商

合同双方在履行合同中发生争议的，友好协商解决。协商不成的，诉讼解决。

第二十六条　其他

26.1　买方委托________代理本合同的具体实施工作，卖方需配合执行。

26.2　为保证________钢材的供应，卖方必须严格遵守________工程钢材供应物流管理及相关规定。

合同附件一

合同采购清单交货进度和批次

1. 交货说明

合同采购清单交付至买方指定的地点时间应不迟于交货批次清单表中规定的时间。为了使交货便于工地的储存保管，除非经过买方批准，所有交货不得比规定交货日期提前 30 天。

2. 交货批次及时间

序号	合同采购清单	型号及规格	单位	数量	交货时间
一	第一批				
二	第二批				
……	……				

合同附件二

廉洁协议

甲方（发包人）：____________________

乙方（承包人）：____________________

为了防范和控制____________________合同（合同编号：________________）商订及履行过程中的廉洁风险，维护正常的市场秩序和双方的合法权益，根据反腐倡廉相关规定，经双方商议，特签订本协议。

一、甲乙双方责任

1. 严格遵守国家的法律法规和廉洁从业有关规定。

2. 坚持公开、公正、诚信、透明的原则（国家秘密、商业秘密和合同文件另有规定的除外），不得损害国家、集体和双方的正当利益。

3. 定期开展党风廉政宣传教育活动，提高从业人员的廉洁意识。

4. 规范招标及采购管理，加强廉洁风险防范。

5. 开展多种形式的监督检查。

6. 发生涉及本项目的不廉洁问题，及时按规定向双方纪检监察部门或司法机关举报或通报，并积极配合查处。

二、甲方人员义务

1. 不得索取或接受乙方提供的利益和方便。

（1）不得索取或接受乙方的礼品、礼金、有价证券、支付凭证和商业预付卡等（以下简称“礼品礼金”）；

（2）不得参加乙方安排的宴请和娱乐活动；不得接受乙方提供的通信工具、交通工具及其他服务；

（3）不得在个人住房装修、婚丧嫁娶、配偶、子女和其他亲属就业、旅游等事宜中索取或接受乙方提供的利益和便利；不得在乙方报销任何应由甲方负担或支付的费用。

2. 不得利用职权从事各种有偿中介活动，不得营私舞弊。

3. 甲方人员的配偶、子女、近亲属不得从事与甲方项目有关的物资供应、工程分包、劳务等经济活动。

4. 不得违反规定向乙方推荐分包商或供应商。

5. 不得有其他不廉洁行为。

三、乙方人员义务

1. 不得以任何形式向甲方及相关人员输送利益和方便。

（1）不得向甲方及相关人员行贿或馈赠礼品礼金；

（2）不得向甲方及相关人员提供宴请和娱乐活动；不得为其购置或提供通信工具、

交通工具及其他服务；

（3）不得为甲方及相关人员在住房装修、婚丧嫁娶、配偶、子女和其他亲属就业、旅游等事宜中提供利益和便利；不得以任何名义报销应由甲方及相关人员负担或支付的费用。

2. 不得有其他不廉洁行为。

3. 积极支持配合甲方调查问题，不得隐瞒、袒护甲方及相关人员的不廉洁问题。

四、责任追究

1. 按照国家、上级机关和甲乙双方的有关制度和规定，以甲方为主、乙方配合，追究涉及本项目的不廉洁问题。

2. 建立廉洁违约罚金制度。廉洁违约罚金的额度为合同总额的1%（不超过50万元）。如违反本协议，根据情节、损失和后果按以下规定在合同支付款中进行扣减。

（1）造成直接损失或不良后果，情节较轻的，扣除10%—40%廉洁违约罚金；

（2）情节较重的，扣除50%廉洁违约罚金；

（3）情节严重的，扣除100%廉洁违约罚金。

3. 廉洁违约罚金的扣减：由合同管理单位根据纪检监察部门的处罚意见，与合同进度款的结算同步进行。

4. 对积极配合甲方调查，并确有立功表现或从轻、减轻违纪违规情节的，可根据相关规定履行审批手续后酌情减免处罚。

5. 上述处罚的同时，甲方可按照中国长江三峡集团有限公司有关规定另行给予乙方暂停合同履行、降低信用评级、禁止参加甲方其他项目等处理。

6. 甲方违反本协议，影响乙方履行合同并造成损失的，甲方应承担赔偿责任。

五、监督执行

1. 本协议作为项目合同的附件，由甲乙双方纪检监察部门联合监督执行。

2. 甲方举报电话：______________；乙方举报电话：________________。

六、其他

1. 因执行本协议所发生的有关争议，适用主合同争议解决条款。

2. 本协议作为________________合同的附件，一式肆份，双方各执贰份。

3. 双方法定代表人或委托代理人在此签字并加盖单位章，签字并盖章之日起本协议生效。

甲方：（盖章）　　　　　　　　　　乙方：（盖章）

法定代表人（或委托代理人）：　　　法定代表人（或委托代理人）：

合同附件三

履约保函

致：______

鉴于______________（卖方名称）（以下简称“卖方”）根据______年____月____日签订的____________号合同（以下称为“合同”），向买方提供____________采购和相关服务。

根据贵方在合同中规定卖方应向贵方提交由一家信誉良好的银行出具的在合同中规定金额的无条件不可撤销的银行保函作为卖方履行合同义务的保证金。我行同意为卖方出具此保函：

我行特此承诺，我行作为保证人并以卖方的名义向贵方出具总额为__________万元人民币的保函。我行在收到贵方第一次书面宣布卖方违反了合同规定后，就不争辩地、无条件地向贵方支付保函限额之内的一笔或数笔款项，而贵方无须证明或说明要求的原因和/或理由。

本保函的有效期为自合同生效至合同终止后一个月内一直有效，最迟不晚于___________。

银行名称________________________

银行许可证号____________________

授权人签字______________________

印刷体姓名______________________

头衔或职务______________________

地　　址______________________

电　　话______________________

传　　真______________________

银行单位章______________________

注：若开具保函银行对格式有特殊要求，在获得招标人同意后，卖方可使用银行提供的保函格式，但其实质内容（包括但不限于金额、责任条件、有效期等规定）须与招标文件要求保持一致。

第五章　投标报价表

1　报价说明

1.1　投标报价应报固定价格，按可调整价格报价的投标文件将被否决。

1.2　本次招标的钢材除热轧光圆钢筋（盘卷）外全定尺交货，12m 及以下定尺钢筋统一报价。投标人应对所需全部品种的钢筋分别报价。

1.3　投标人应按招标文件规定的格式报出________工地交货价，包括钢筋出厂价、运杂费（指从装车开始，一直到买方________工地指定交货地点全过程中的装车、运输、损耗、短倒〔含投标人厂区内和中转至________ 工地指定交货地点的短倒〕、过桥、过路、过渡、储存、返空及各种规费、包装费、保险费以及货到买方指定地点的所有其他费用）。报价中须包含合同货物本身已支付或将支付的所有税费、中标服务费。

1.4　本次招标所有报价均为车板交货价格，买方承担钢筋在交货地点的计量费和卸车费，卖方自行决定运输方式及中转方案。卖方承担交货前的一切费用和风险，交付地点为________ 工地指定地点。

1.5　招标文件中规定的卖方应提供的技术服务其相应的费用可合理分摊在货物的交货价中，报价中应已包含招标文件中所有规定的其他服务项目的费用。

1.6　由于物价涨落产生的价差按月调整，从合同实施当月开始计算。具体价差结算办法见合同条款。

1.7　招标文件列出的所有品种投标人均需报价。

1.8　以人民币进行报价。

2　报价表

__________ 工程用钢材采购清单报价表

2.1　报价表（元/吨）：

序号	名称	钢材规格		所占比例（%）	数量（吨）（1）	运输方式（2）	出厂单价（元/吨）（3）	运杂费（元/吨）（4）	交货单价（元/吨）（5）＝（3）＋（4）	合价（元）（1）*（5）
		直径（mm）	定尺（m）							
总计										

注：报价中应包含拟支付给招标代理机构的中标服务费，详见投标须知“1.5 费用承担”，不单独出项。

投标人：________________（盖单位章）

法定代表人或其委托代理人：__________（签字）

____年____月____日

2.2 费用分解表（元/吨）：

规格	出厂单价 1	铁路、水路、公路运杂费 2	港口费用、堆场费用（如有）3	港口、堆场至工地仓库中转运输费用（公路里程*吨公里价格）4	港口、堆场至工地仓库中转运杂费 5（2+3+4）	到____仓库或工地指定地点交货单价 6（1+5）

注：运费的调整：当____专用公路通车后，按实际里程，经双方确认后，重新核定运输里程。按费用分解表中“港口、堆场至工地仓库中转运输费用”中的吨公里单价进行核减。

投标人：________________（盖单位章）

法定代表人或其委托代理人：__________（签字）

____年____月____日

第六章　技术规范

6.1　本次招标除以下条款有特别规定外，按照《钢及钢产品交货一般技术要求》GB17505－____（年号以最新标准为准）有关规定执行，交货验收地点为买方指定仓库或转运站。

6.2　本次招标钢筋执行以下产品标准（年号以最新标准为准）：

《钢筋混凝土用钢第 2 部分热轧带肋钢筋》	执行 GB1499.2
《钢筋混凝土用钢第 1 部分：热轧光圆钢筋》	执行 GB1499.1
《碳素结构钢》	执行 GB/T702　GB/T700
《钢筋混凝土用余热处理钢筋》	执行 GB 13014
《预应力混凝土用钢绞线》	执行 GB / T 5224

6.3　本次招标的钢筋在供货中应均为新品，到货钢筋表面无油污（或其他腐蚀性化学物质侵蚀），不能有明显的、影响握裹力的表面氧化铁皮存在。

6.4　本次招标的钢筋在到货时必须确保每一捆钢筋必须有 2 个或以上铭牌，并与出厂质量证书对应。

6.5　本次招标的钢筋均为定尺交货，包装整齐，交货时不能散捆，不出现明显的弯曲、扭曲等变形。

6.6　本次招标的钢筋及钢产品除执行 GB1499.2、GB1499.1、GB/T702、GB/T700 以外，对质量作以下要求：

钢筋表面不能有任何肉眼可见的裂纹，包括细小裂纹和其他表面缺陷；

为能够进行各种机械连接，钢筋端头剪切正直，不能有飞边、弯头、切头不净等缺陷。

6.7　本次招标钢筋及钢产品取样方法、检测批次、批量与组批规则需满足 6.2 规定的技术标准及相关标准所规定的技术条款要求，检验方法应满足《金属材料 拉伸试验 第 1 部分：室温试验方法》GB/T 228.1 和《金属材料 弯曲试验方法》GB/T 232。

6.8　钢筋质量问题的处理

本次招标的钢筋在到货验收、工地抽检、加工制作、工程验收等各个阶段出现外观质量缺陷、技术资料不完整不规范不对应、性能试验不合格或其他与钢筋质量有关的争议，卖方应在买方通知后 24 小时内到达现场，及时协商退货、换货、复检或仲裁。

6.8.1　外观质量缺陷的处理：在钢筋到货验收、工地抽检或加工制作中，按照钢筋产品标准或订货要求发现存在外观质量缺陷的钢筋时，卖方应及时到场予以确认，并根据验收方要求予以退货、换货，且换货的交货期不得影响工程工期。

6.8.2　技术资料不完整不规范不对应：到货钢筋出现任何技术资料不完整、不规范，与实物标牌标志不对应，或其他不符合合同和标准要求的问题，卖方必须及时予以补充或更换，否则买方有权拒绝验收或领料。

6.8.3　性能试验不合格：在任何环节的检测或抽检中，若出现性能试验不合格的批次，买方将对不合格炉批号加倍复检。若买方复检不合格，双方应共同协商进行复检或直接退货。

第七章　投标文件格式

________________（项目名称）招标

投 标 文 件

投标人：____________________（盖单位章）

法定代表人或其委托代理人：________________（签字）

______年______月______日

目　录

一、投标函

致：______________（招标人名称）：

1. 我方已仔细研究了__________（项目名称）_________标段招标文件的全部内容，愿意以人民币（大写）________元（¥________）的投标总报价，按照合同的约定交付货物及提供服务。

2. 我方承诺在招标文件规定的投标有效期________天内不修改、撤销投标文件。

3. 随同本投标函提交投标保证金一份，金额为人民币（大写）______元(¥____ 元)。

4. 如我方中标：

（1）我方承诺在收到中标通知书后，在中标通知书规定的期限内与你方签订合同。

（2）我方承诺按照招标文件规定向你方递交履约保证金。

（3）我方承诺在合同约定的期限内交付货物及提供服务。

5. 我方已经知晓中国长江三峡集团有限公司有关投标和合同履行的管理制度，并承诺将严格遵守。

6. 我方在此声明，所递交的投标文件及有关资料内容完整、真实和准确。

7. 我方同意按照你方要求提供与我方投标有关的一切数据或资料，完全理解你方不一定接受最低价的投标或收到的任何投标。

8. ____________________________（其他补充说明）。

投 标 人：_________________________（盖单位章）

法定代表人或其委托代理人：______________（签字）

地址______________________ 邮编______________________

电话______________________ 传真______________________

电子邮箱__________________ 网址______________________

______年______月______日

二、授权委托书、法定代表人身份证明

授权委托书

本人__________（姓名）系___________________（投标人名称）的法定代表人，现委托__________（姓名）为我方代理人。代理人根据授权，以我方名义签署、澄清、说明、补正、递交、撤回、修改______________________（项目名称）__________标段投标文件、签订合同和处理有关事宜，其法律后果由我方承担。

代理人无转委托权。

附：法定代表人身份证明、生产（制造）商出具的授权函（若需要）

投　标　人：________________（盖单位章）

法定代表人：________________（签字）

身份证号码：________________

委托代理人：________________（签字）

身份证号码：________________

____年____月____日

注：若法定代表人不委托代理人，则只需出具法定代表人身份证明

附：法定代表人身份证明

投标人名称：________________

单位性质：________________

地址：________________

成立时间：____年____月____日

经营期限：________________

姓名：________性别：____年龄：____职务：________

系________________（投标人名称）的法定代表人。

特此证明。

附：法定代表人身份证件复印件

法定代表人身份证件复印件粘贴处

投标人：________________（盖单位章）

____年____月____日

附：生产（制造）商出具的授权函

致：_______________（招标人）

我方_____________（生产、制造商名称）是按中华人民共和国法律成立的生产（制造）商，主要营业地点设在________________________（生产、制造商地址）。兹指派按中华人民共和国的法律正式成立的，主要营业地点设在_________________________（代理商地址）的_________________（代理商名称）作为我方合法的代理人进行下列有效的活动：

（1）代表我方办理你方_____________（项目名称）_____________（货物名称及标包号）投标邀请要求提供的由我方生产（制造）的货物的有关事宜，并对我方具有约束力。

（2）作为生产（制造）商，我方保证以投标合作者来约束自己，并对该投标共同和分别承担招标文件中所规定的义务。

（3）我方兹授予________________________________（代理商名称）全权办理和履行上述我方为完成上述各点所必需的事宜。对此授权，我方具有替换或撤销的全权。兹确认____________________________（代理商名称）或其正式委托代理人依此合法地办理一切事宜。

我方于________年______月______日签署本文件，_________________（代理商名称）于________年______月______日接受此件，以此为证。

代理商名称<u>（盖单位章）</u>

签字人职务和部门________________

签字人（印刷体）姓名______________

签字人签名______________________

生产（制造）商名称<u>（盖单位章）</u>

签字人职务和部门__________________

签字人（印刷体）姓名_______________

签字人签名__________________________

三、联合体协议书

牵头人名称：__________________　　法定代表人：__________________
法 定 住 所：__________________　　成员二名称：__________________
法定代表人：__________________　　法 定 住 所：__________________
……

鉴于上述各成员单位经过友好协商，自愿组成____________（联合体名称）联合体，共同参加__________________（招标人名称）（以下简称“招标人”）________________（项目名称）____________标段（以下简称“本项目”）的投标并争取赢得本项目承包合同（以下简称“合同”）。现就联合体投标事宜订立如下协议：

1. __________（某成员单位名称）为______________（联合体名称）牵头人。

2. 在本项目投标阶段，联合体牵头人合法代表联合体各成员负责本项目投标文件编制活动，代表联合体提交和接收相关的资料、信息及指示，并处理与投标和中标有关的一切事务；联合体中标后，联合体牵头人负责合同订立和合同实施阶段的主办、组织和协调工作。

3. 联合体将严格按照招标文件的各项要求，递交投标文件，履行投标义务和中标后的合同，共同承担合同规定的一切义务和责任，联合体各成员单位按照内部职责的部分，承担各自所负的责任和风险，并向招标人承担连带责任。

4. 联合体各成员单位内部的职责分工如下：________________________。按照本条上述分工，联合体成员单位各自所承担的合同工作量比例如下：______________。

5. 投标工作和联合体在中标后项目实施过程中的有关费用按各自承担的工作量分摊。

6. 联合体中标后，本联合体协议是合同的附件，对联合体各成员单位有合同约束力。

7. 本协议书自签署之日起生效，联合体未中标或者中标时合同履行完毕后自动失效。

8. 本协议书一式____________份，联合体成员和招标人各执一份。

牵头人名称：______________________（盖单位章）
法定代表人或其委托代理人：____________（签字）

成员一名称：______________________（盖单位章）
法定代表人或其委托代理人：____________（签字）

成员二名称：______________________（盖单位章）
法定代表人或其委托代理人：____________（签字）

______年______月______日

四、投标保证金

（一）采用在线支付（企业银行对公支付）或线下支付（银行汇款）方式

采用在线支付（企业银行对公支付）或线下支付（银行汇款）方式时，提供以下文件：

投标保证金承诺（格式）

致：三峡国际招标有限责任公司

鉴于___（投标人名称）___已递交___（项目名称及标段）___招标的投标文件，根据招标文件规定，本投标人向贵公司提交人民币________万元整的投标保证金，作为参与该项目招标活动的担保，履行招标文件中规定义务的担保。

若本投标人有下列任何一种行为，同意贵公司不予退还投标保证金：

（1）在开标之日到投标有效期满前，撤销或修改其投标文件；

（2）在收到中标通知书30日内，无正当理由拒绝与招标人签订合同；

（3）在收到中标通知书30日内，未按招标文件规定提交履约担保；

（4）在投标文件中提供虚假的文件和材料，意图骗取中标。

附：投标保证金退还信息及中标服务费交纳承诺书（格式）

投标保证金递交凭证扫描件

投标人：___（加盖投标人单位章）___

法定代表人或其委托代理人：____________（签字）

日　期：______年______月____日

（二）采用银行保函方式

采用银行保函方式时，按以下格式提供投标保函及“投标保证金退还信息及中标

服务费交纳承诺书”。

投标保函（格式）

受益人：三峡国际招标有限责任公司

鉴于________（投标人名称）（以下称“投标人”）于______年______月______日参加___（项目名称及标段）___的投标，___（银行名称）___（以下称“本行”）无条件地、不可撤销地具结保证本行或其继承人和其受让人，一旦收到贵方提出的下述任何一种事实的书面通知，立即无追索地向贵方支付总金额为__________________的保证金。

（1）在开标之日到投标有效期满前，投标人撤销或修改其投标文件；

（2）在收到中标通知书30日内，投标人无正当理由拒绝与招标人签订合同；

（3）在收到中标通知书30日内，投标人未按招标文件规定提交履约担保；

（4）投标人未按招标文件规定向贵方支付中标服务费；

（5）投标人在投标文件中提供虚假的文件和材料，意图骗取中标。

本行在接到受益人的第一次书面要求就支付上述数额之内的任何金额，并不需要受益人申述和证实他的要求。

本保函自开标之日起（投标文件有效期日数）日历日内有效，并在贵方和投标人同意延长的有效期内（此延期仅需通知而无须本行确认）保持有效，但任何索款要求应在上述日期内送到本行。贵方有权提前终止或解除本保函。

银行名称：（盖单位章）

许可证号：

地　　址：

负 责 人：（签字）

日　　期：　　年　　月　　日

附件：投标保证金退还信息及中标服务费交纳承诺书

三峡国际招标有限责任公司：

我单位已按招标文件要求，向贵司递交了投标保证金。信息如下：

序号	名称	内容
1	招标项目名称及标段	
2	招标编号	
3	投标保证金金额	合计：￥_______元，大写________________
4	投标保证金缴纳方式（请在相应的"□"内划"√"）	□ **4.1 在线支付（企业银行对公支付）** 汇款人： 汇款银行： 银行账号： 汇款行所在省市： □ **4.2 线下支付（银行汇款）** 汇款人： 汇款银行： 银行账号： 汇款行所在省市： □ **4.3 银行投标保函** 投标保函开具行：
5	中标服务费发票开具（请在相应的"□"内划"√"）	□ **5.1 增值税普通发票** □ **5.2 增值税专用发票（请提供以下完整开票信息）：** ·名称： ·纳税人识别税号（或三证合一号码）： ·地址、电话： ·开户行及账号：

我单位确认并承诺：

1. 若中标，将按本招标文件投标须知的规定向贵司支付中标服务费用，拟支付贵司的中标服务费已包含在我单位报价中，未在投标报价表中单独出项。

2. 如通过方式4.1或4.2缴纳投标保证金，贵司可从我单位保证金中扣除中标服务费用后将余额退给我单位，如不足，接到贵司通知后5个工作日内补足差额；如通过方式4.3缴纳投标保证金，将在合同签订并提供履约担保（如招标文件有要求）后5日内支付中标服务费，否则贵司可以要求投标保函出具银行支付中标服务费。

3. 对于通过方式4.1或4.2提交的保证金，请按原汇款路径退回我单位，如我单位账户发生变化，将及时通知贵司并提供情况说明；对于通过方式4.3提交的银行投标保函，贵司收到我单位汇付的中标服务费后将银行保函原件按下列地址寄回：

投标人名称（盖单位章）：

地　址：　　　　邮　编：　　　　联系人：　　　　联系电话：

法定代表人或其委托代理人：　　　　年　　月　　日

说明：（1）本信息由投标人填写，与投标保证金递交凭证或银行投标保函一起密封提交。

（2）本信息作为招标代理机构退还投标保证金和开具中标服务费发票的依据，投标人必须按要求完整填写并加盖单位章（其余用章无效），由于投标人的填写错误或遗漏导致的投标担保退还失误或中标服务费发票开具失误，责任由投标人自负。

五、投标报价表

说明：投标报价表按第五章“投标报价表”中的相关内容及格式填写。构成合同文件的投标报价表包括第五章“投标报价表”有关采购清单、投标报价以及其他说明的内容。

六、技术方案

技术方案内容包含但不限于：

（一）投标人质量保证体系和对产品的质量承诺

投标人应在此部分中提交以下所要求的资料或文件：

1. 投标人的质量保证体系说明，包括组织机构、试验室设备、质检人员素质及培训情况，检验方法、规章制度、内控措施与手段。

2. 投标人对投标货物制造质量的承诺。

3. 投标人对货物装运的承诺。

4. 投标人对货物出厂质量证明书等技术资料签发、移交及其与货物如何对应一致的承诺。

5. 投标人对货物质量问题和质量异议处理的承诺。

（二）工厂检验项目及标准

1. 投标人应列明工厂检验、测试和试验所遵循的技术标准的名称及标准代号。

2. 投标人应指出投标货物的检查、测试和试验项目。

（三）运输保障措施

1. 运输方式

2. 运输中转方案

3. 供应保障手段

中转储备能力：

应急运输调度能力：

4. 时间分解表（天）

计划排产周期（1）	铁路、水路或公路运输时间（2）	至工地中转及运输时间（3）	交货总周期（4）＝（1）＋（2）＋（3）

注：（1）以上时间均包含在每批完全可以保证交货的最大周期内；

（2）为保证供应可以选报多种运输及中转方案，但无论最终采取哪种方案，投标报价只能是唯一的且在合同有效期内是不可变的。

（四）投标人提供的技术资料

主要包括：

1. 投标人供货产品的主要技术指标和性能、品质、试验与鉴定文件资料，以及证

明产品长期生产质量稳定性的资料。

2. 投标人保证按工程需要供货的生产计划与安排的保证措施。

3. 生产能力、产品工艺、质量控制措施。

4. 保证供货的生产、运输、交货与售后服务的组织保证措施（含投标人在工地办事机构及人员、设备配置情况）。

投　标　人：____________________（盖单位章）

法定代表人或其委托代理人：____________（签字）

______年______月______日

七、偏差表

投标人可以不提交一份对本招标文件合同条款的逐条注释意见，但应根据下表的格式列出对上述条款的偏差（如果有）。未在商务偏差表中列明的商务偏差，将被视为满足招标文件要求。

表7-1　商务偏差表

项目	条款编号	偏差内容	备　注

备注：对投标人须知前附表中规定的实质性偏差的内容提出负偏差，无论是否在本表中填写，将被认为是对招标文件的非实质性响应，其投标文件将被否决。

投　标　人：____________________（盖单位章）

法定代表人或其委托代理人：____________（签字）

______年______月______日

投标人可以不提交一份对本招标文件技术要求的逐条注释意见，但应根据下表的格式列出对上述条款的偏差（如果有）。未在技术偏差表中列明的技术偏差，将被视为满足招标文件要求。

表 7－2　技术偏差表

项目	条款编号	偏差内容	备　注

备注：对投标人须知前附表中规定的实质性偏差的内容提出负偏差，无论是否在本表中填写，将被认为是对招标文件的非实质性响应，其投标文件将被否决。

投　标　人：________________（盖单位章）

法定代表人或其委托代理人：__________（签字）

____年____月____日

八、拟分包（外购）项目情况表

序号	拟分包项目名称、范围及理由	拟选分包人					备注
		拟选分包人名称		注册地点	企业资质	有关业绩	
		1					
		2					
		3					
		1					
		2					
		3					
		1					
		2					
		3					
		1					
		2					
		3					

备注：投标人需根据拟分包的项目情况提供分包意向书/分包协议、分包人资质证明文件。

投　标　人：________________________（盖单位章）

法定代表人或其委托代理人：______________（签字）

______年______月______日

九、资格审查资料

（一）投标人基本情况表

<table>
<tr><td>投标人名称</td><td colspan="6"></td></tr>
<tr><td>投标人组织机构代码
或统一社会信用代码</td><td colspan="6"></td></tr>
<tr><td>注册地址</td><td colspan="3"></td><td>邮政编码</td><td colspan="2"></td></tr>
<tr><td rowspan="2">联系方式</td><td>联系人</td><td colspan="2"></td><td>电话</td><td colspan="2"></td></tr>
<tr><td>传真</td><td colspan="2"></td><td>网址</td><td colspan="2"></td></tr>
<tr><td>组织结构</td><td colspan="6"></td></tr>
<tr><td>法定代表人</td><td>姓名</td><td></td><td>技术职称</td><td></td><td>电话</td><td></td></tr>
<tr><td>技术负责人</td><td>姓名</td><td></td><td>技术职称</td><td></td><td>电话</td><td></td></tr>
<tr><td>成立时间</td><td colspan="2"></td><td colspan="4">员工总人数：</td></tr>
<tr><td>许可证及级别</td><td colspan="2"></td><td rowspan="5">其中</td><td>高级职称人员</td><td colspan="2"></td></tr>
<tr><td>营业执照号</td><td colspan="2"></td><td>中级职称人员</td><td colspan="2"></td></tr>
<tr><td>注册资金</td><td colspan="2"></td><td>初级职称人员</td><td colspan="2"></td></tr>
<tr><td>基本账户
开户银行</td><td colspan="2"></td><td>技工</td><td colspan="2"></td></tr>
<tr><td>基本账户账号</td><td colspan="2"></td><td>其他人员</td><td colspan="2"></td></tr>
<tr><td>经营范围</td><td colspan="6"></td></tr>
<tr><td>备注</td><td colspan="6"></td></tr>
</table>

备注：（1）本表后应附企业法人营业执照、生产许可证（如有）等材料的扫描件。

（2）若代理商投标，须同时提供生产（制造）商的基本情况表。

附件一　生产（制造）商资格声明

1. 名称及概况：

（1）生产（制造）商名称：________________

（2）总部地址：________________

传真/电话号码：________________　　邮政编码：________________

（3）成立和/或注册日期：________________

（4）实收资本：________________

（5）法定代表人姓名：________________

2. 关于生产（制造）投标货物的设施及有关情况：

工厂名称和地址	生产的项目	年生产能力	职工人数
________	________	________	________
________	________	________	________

3. 投标产品近三年的实际年产销量（单位：吨）：

品种规格	______年	______年	______年
年生产总量			
其中：（重点型号）			

4. 其他情况：＿组织机构、技术力量等。＿

兹证明上述声明是真实、正确的，并提供了全部能提供的资料和数据，我们同意遵照贵方要求出示有关证明文件。

生产（制造）商名称：________________（盖单位章）

签字人姓名和职务：________________

签字人签字：________________

签字日期：________________

传真：________________

电话：________________

电子邮箱：________________

附件二　代理商的资格声明

1. 名称及概况：______________________________

(1) 代理商名称：______________________________

(2) 总部地址：______________________________

传真/电话号码：________________　　邮政编码：________________

(3) 成立和/或注册日期：______________________________

(4) 实收资本：______________________________

(5) 法定代表人姓名：______________________________

2. 近3年该货物主要销售给国内外主要客户的名称地址：

(1) 出口销售

（名称和地址）　　　　（销售项目名称）

（名称和地址）　　　　（销售项目名称）

(2) 国内销售

（名称和地址）　　　　（销售项目名称）

（名称和地址）　　　　（销售项目名称）

3. 开立基本账户银行的名称和地址：______________________________

4. 其他情况：组织机构、技术力量等。

兹证明上述声明是真实、正确的，并提供了全部能提供的资料和数据，我们同意遵照贵方要求出示有关证明文件。

代理商名称：________________（盖单位章）

代理商全权代表：________________

签字日期：________________

传真：________________

电话：________________

电子邮箱：________________

（二）近年财务状况表

投标人须提交近______年（______年至______年）的财务报表，并填写下表。

序号	项目	______年	______年	______年
1	固定资产			
2	流动资产			
3	存货			
4	总资产			
5	长期负债			
6	流动负债			
7	净资产			
8	利润总额			
9	资产负债率			
10	流动比率			
11	速动比率			
12	销售利润率			

注：投标人如为代理商，应按上表提交近______年（______年至______年）的产品制造商的财务报表。

（三）近年完成的类似项目情况表

项目名称	
项目所在地	
采购人名称	
采购人地址	
采购人电话	
合同价格	
供货时间	
货物描述	
备注	

注：应附中标通知书（如有）和合同协议书以及货物验收证表（货物验收证明文件）等的彩色扫描件，具体年份时间要求见投标人须知前附表。每张表格只填写一个项目，并标明序号。

（四）正在进行的和新承接的项目情况表

项目名称	
项目所在地	
采购人名称	
采购人地址	
采购人电话	
合同价格	
供货时间	
货物描述	
备注	

注：应附中标通知书（如有）和合同协议书等的扫描件，具体年份时间要求见投标人须知前附表。每张表格只填写一个项目，并标明序号。

（五）近年发生的诉讼及仲裁情况

序号	案由	双方当事人名称	处理结果或进度情况
……	……	……	……

注：（1）本表为调查表，不得因投标人发生过诉讼及仲裁事项作为否决其投标、作为量化因素或评分因素，除非其中的内容涉及其他规定的评标标准，或导致中标后合同不能履行。

（2）诉讼及仲裁情况是指投标人在招投标和中标合同履行过程中发生的诉讼及仲裁事项，以及投标人认为对其生产经营活动产生重大影响的其他诉讼及仲裁事项。

投标人仅需提供与本次招标项目类型相同的诉讼及仲裁情况。

（3）诉讼包括民事诉讼和行政诉讼；仲裁是指争议双方的当事人自愿将他们之间的纠纷提交仲裁机构，由仲裁机构以第三者的身份进行裁决。

（4）“案由”是事情的缘由、名称、由来，当事人争议法律关系的类别，或诉讼仲裁情况的内容提要，如“工程款结算纠纷”。

（5）“双方当事人名称”是指投标人在诉讼、仲裁中原告（申请人）、被告（被申请人）或第三人的单位名称。

（6）诉讼、仲裁的起算时间为：提起诉讼、仲裁被受理的时间，或收到法院、仲裁机构诉讼、仲裁文书的时间。

（7）诉讼、仲裁已有处理结果的，应附材料见第二章“投标人须知”3.5.5 条规定；还没有处理结果，应说明进展情况，如某某人民法院于某年某月某日已经受理。

（8）如招标文件第二章“投标人须知”3.5.5 条规定的期限内没有发生的诉讼及仲裁情况，投标人在编制投标文件时，需在上表“案由”空白处声明：“经本投标人认真核查，在招标文件第二章‘投标人须知’3.5.5 条规定的期限内本投标人没有发生诉讼及仲裁纠纷，如不实，构成虚假，自愿承担由此引起的法律责任。特此声明。”

（六）其他资格审查资料

1. 营业执照副本、税务登记证

2. 质量管理体系认证证书（如有）

3. 生产（制造）商生产许可证

投标人：________________（盖单位章）

法定代表人或其委托代理人：________（签字）

____年____月____日

十、构成投标文件的其他材料

1. 初步评审需要的材料

投标人应根据招标文件具体要求，提供初步评审需要的材料，包括但不限于下列内容，请将所需材料在投标文件中的对应页码填入表格中。

序号	名称	网上电子投标文件	纸质投标文件正本	备注
1	营业执照			
2	生产许可证			根据项目实际情况填写
3	业绩证明文件			
4	……			
5	经审计的财务报表			____年至____年
6	投标函签字盖章			电子版为扫描件
7	授权委托书签字盖章			电子版为扫描件
8	投标保证金凭证或投保保函			电子版为扫描件
9	……			

注：（1）所提供的资质证书等应为有效期内的文件，其他材料应满足招标文件具体要求。

（2）投标保证金采用银行保函时应提供原件，单独密封提交。

2. 招标文件规定的其他材料。

3. 投标人认为需要提供的其他材料。

水电工程水泥招标文件范本

QZCTG 03. 02. V2－2017

________项目招标文件

（水泥类）

招标编号：________________

招标人：________________

招标代理机构：__________

20____年____月____日

使用说明

一、《招标文件》适用于中国长江三峡集团有限公司水电、风电、太阳能工程普通硅酸盐水泥、抗硫酸盐硅酸盐水泥、低热硅酸盐水泥、中热硅酸盐水泥等大宗物资类项目招标。

二、《招标文件》用相同序号标示的章、节、条、款、项、目，供招标人和投标人选择使用；以空格标示的由招标人填写的内容，招标人应根据招标项目具体特点和实际需要具体化，确实没有需要填写的，在空格中用“/”标示。

三、《招标文件》第一章的招标公告或投标邀请书中，投标人资格要求按照单一标段编写。多标段招标时，可并列编写各标段投标人资格要求。

四、招标人可以根据项目实际情况，对《招标文件》第二章“投标人须知”前附表第 1.11.2 项指明的“实质性偏差的内容”进行调整。

五、《招标文件》第三章“评标办法”对于常规材料物资采用经评审的最低投标价法；对于有一定特殊要求，但是采购量不大的常规材料物资项目采用最低评标价法。招标人可根据需要选择具体评标办法。各评审因素的评审标准、分值和权重等不可修改。

六、《招标文件》第四章“合同条款及格式”由合同协议书、合同条款及三个附件构成。合同条款不分通用条款和专用条款，主要参考中国长江三峡集团有限公司现行的大宗物资招标及采购文件并结合国家有关招标投标的法律、法规和中国长江三峡集团有限公司管理规定进行编制。提醒注意要点：

（一）为保证标准文本的通用性、指导性，涉及时间、地点、数值、增值税发票信息等内容在标准文件中以下划线代替，由招标人根据招标实际情况填报；

（二）合同协议书中第 2 条合同文件组成为合同文件主要框架，招标人根据招标实际情况可以添加构成合同文件的其他内容；

（三）当合同供货期较长时，为保证对合同双方的公正性，增加了对运杂费调差的选择项，招标人可根据招标情况自行确定是否需要运杂费调差；

（四）合同条款对 4 种水泥品种进行了约定，招标人根据招标的水泥品种选择对应的条款，删除其他水泥品种的条款；

（五）合同协议书 1.2.3 及合同条款 12.8 中增加了买方驻厂监造相关内容，实际招标中如果不存在驻厂监造要求，删除对应条款内容。

七、《招标文件》第五章“投标报价表”由招标人根据行业标准、招标项目具体特点和实际需要编制，并与“投标人须知”、“合同条款及格式”、“技术标规范”相衔接。本章所附表格可根据有关规定做出相应的调整和补充。

八、《招标文件》第六章“技术规范”参照溪洛渡水电站、白鹤滩水电站、乌东德水电站水泥招标文件编写。提醒注意要点：

（一）“技术规范”中的各项技术标准应符合国家强制性标准，不得要求或标明某一特定的专利、商标、名称、设计、原产地或生产供应者，不得含有倾向或者排斥潜在投标人的其他内容。如果必须引用某一生产供应者的技术标准才能准确或清楚地说明拟招标项目的技术标准时，则应当在参照后面加上“或相当于”字样；

（二）对 4 种水泥品种分别进行了约定，招标人根据招标的水泥品种选择对应的条款，删除其他水泥品种的条款；

（三）与现行国家标准不同的是，除需符合现行国家标准外，中热硅酸盐水泥增加了需满足中国长江三峡集团有限公司企业标准《拱坝混凝土用中热硅酸盐水泥技术要求及检验》Q/CTG14－2015 的技术要求；低热硅酸盐水泥需满足中国长江三峡集团有限公司企业标准《拱坝混凝土用低热硅酸盐水泥技术要求及检验》Q/CTG13－2015 的技术要求；

（四）中热水泥在现行国家标准的基础上，三峡企业标准在比表面积、抗压强度、抗折强度、水化热、氧化镁、碱含量、三氧化硫含量，熟料矿物中铝酸三钙和铁铝酸四钙等提出了更高的要求；

（五）低热水泥在现行国家标准的基础上，三峡企业标准在比表面积、抗压强度、抗折强度、水化热、氧化镁、碱含量、三氧化硫含量，熟料矿物中铝酸三钙和铁铝酸四钙等提出了更高的要求；

（六）结合《水工混凝土施工规范》DL/T5144 提出了散装水泥运至工地的入罐温度不宜高于 65℃的要求；

（七）结合工程使用水泥的实际情况，提出了普通硅酸盐水泥按 400 吨为一个验收批号，不足 400 吨的计为一个验收批号；中热硅酸盐水泥（或低热硅酸盐水泥）按 600 吨为一个验收批号，不足 600 吨的计为一个验收批号；抗硫酸盐硅酸盐水泥按 300 吨为一个验收批号，不足 300 吨的计为一个验收批号。

九、《招标文件》将根据实际执行过程中出现的问题及时进行修改。各使用单位对《招标文件》的修改意见和建议，可向编制工作小组反映。

联系方式：ctg _ zbfb@ctg. com. cn。

第一章　招标公告（未进行资格预审）

____________（项目名称）招标公告

1　招标条件

本招标项目__（项目名称）__已获批准采购，采购资金来自__（资金来源）__，招标人为____________，招标代理机构为__三峡国际招标有限责任公司__。项目已具备招标条件，现对该项目进行公开招标。

2　项目概况与招标范围

2.1　项目概况

____________（说明本次招标项目的建设地点、规模等）。

2.2　招标范围

____________（说明本次招标项目的招标范围、标段划分〔如果有〕、计划工期等）。

3　投标人资格要求

3.1　本次招标要求投标人须具备以下条件：

（1）资质条件：____________；

（2）业绩要求：____________；

（3）信誉要求：____________；

（4）财务要求：____________；

（5）其他要求：____________。

3.2　本次招标________（接受或不接受）联合体投标。联合体投标的，应满足下列要求：________。

3.3　投标人不能作为其他投标人的分包人同时参加投标。单位负责人为同一人或者存在控股、管理关系的不同单位，不得参加同一标段投标或者未划分标段的同一招标项目投标。

3.4　本次招标________（接受或不接受）代理商投标。如投标人为代理商，需获得______授权。

3.5　各投标人均可就本招标项目的______（具体数量）个标段投标。[①]

4　招标文件的获取

4.1　招标文件发售时间为______年____月____日____时整至______年____月____日____时整（北京时间，下同）。

4.2　招标文件每标段售价______元，售后不退。

4.3　有意向的投标人须登录中国长江三峡集团有限公司电子采购平台（网址：http://epp.ctg.com.cn/，以下简称“电子采购平台”，服务热线电话：010－57081008）进行免费注册成为注册供应商，在招标文件规定的发售时间内通过电子采购平台点击“报名”提交申请，并在“支付管理”模块勾选对应条目完成支付操作。潜在投标人可以选择在线支付或线下支付（银行汇款）完成标书款缴纳：

（1）在线支付（单位或个人均可）时请先选择支付银行，然后根据页面提示进行支付，支付完成后电子采购平台会根据银行扣款结果自动开放招标文件下载权限；

（2）线下支付（单位或个人均可）时须通过银行汇款将标书款汇至三峡国际招标有限责任公司的开户行：工商银行北京中环广场支行（账号：0200209519200005317）。线下支付成功后，潜在投标人须再次登录电子采购平台，依次填写支付信息、上传汇款底单并保存提交，招标代理机构工作人员核对标书款到账情况后开放下载权限。

4.4　若超过招标文件发售截止时间则不能在电子采购平台相应标段点击“报名”，将不能获取未报名标段的招标文件，也不能参与相应标段的投标，未及时按照规定在电子采购平台报名的后果，由投标人自行承担。

5　电子身份认证

本项目投标文件的网上提交部分需要使用电子钥匙（CA）加密后上传至电子采购平台（标书购买阶段不需使用CA电子钥匙）。本电子采购平台的相关电子钥匙（CA）须在北京天威诚信电子商务服务有限公司指定网站办理（网址：http://sanxia.szzsfw.com/，服务热线电话：010－64134583），请潜在投标人及时办理，以免影响投标，由于未及时办理CA影响投标的后果，由投标人自行承担。

6　投标文件的递交

6.1　投标文件递交的截止时间（投标截止时间，下同）为______年____月____日____

① 分标段时适用，根据项目情况修改。

时整。本次投标文件的递交分现场递交和网上提交，现场递交的地点为______；网上提交的投标文件应在投标截止时间前上传至电子采购平台。

6.2 在投标截止时间前，现场递交的投标文件未送达到指定地点或者网上提交的投标文件未成功上传至电子采购平台，招标人不予受理。

7 发布公告的媒介

本次招标公告同时在中国招标投标公共服务平台（http：//www.cebpubservice.com）、中国长江三峡集团有限公司电子采购平台（http：//epp.ctg.com.cn）、三峡国际招标有限责任公司网站（www.tgtiis.com）上发布。

8 联系方式

招 标 人：________________　　招标代理机构：三峡国际招标有限责任公司

地　　址：________________　　地　　址：________________

邮　　编：________________　　邮　　编：________________

联 系 人：________________　　联 系 人：________________

电　　话：________________　　电　　话：________________

传　　真：________________　　传　　真：________________

电子邮箱：________________　　电子邮箱：________________

招标采购监督：____________

联 系 人：________________

电　　话：________________

传　　真：________________

____年____月____日

第一章　投标邀请书（适用于邀请招标）

＿＿＿＿＿＿＿＿（项目名称）投标邀请书

＿＿＿＿＿＿＿＿（被邀请单位名称）：

1　招标条件

本招标项目＿（项目名称）＿已获批准采购，采购资金来自＿（资金来源）＿，招标人为＿＿＿＿＿＿＿＿，招标代理机构为＿三峡国际招标有限责任公司＿。项目已具备招标条件，现邀请你单位参加＿＿＿＿＿（项目名称及标段）投标。

2　项目概况与招标范围

2.1　项目概况

＿＿＿＿＿＿＿＿（说明本次招标项目的建设地点、规模等）。

2.2　招标范围

＿＿＿＿＿＿＿＿（说明本次招标项目的招标范围、标段划分〔如果有〕、计划工期等）。

3　投标人资格要求

3.1　本次招标要求投标人须具备以下条件：

（1）资质条件：＿＿＿＿＿＿＿＿＿；

（2）业绩要求：＿＿＿＿＿＿＿＿＿；

（3）信誉要求：＿＿＿＿＿＿＿＿＿；

（4）财务要求：＿＿＿＿＿＿＿＿＿；

（5）其他要求：＿＿＿＿＿＿＿＿＿。

3.2　你单位＿＿＿＿（可以或不可以）组成联合体投标。联合体投标的，应满足下列要求：＿＿＿＿＿。

3.3　你单位不能作为其他投标人的分包人同时参加投标。单位负责人为同一人或者存在控股、管理关系的不同单位，不得参加同一标段投标或者未划分标段的同一招标项

目投标。

3.4　你单位可就本招标项目的________（具体数量）个标段投标。[①]

4　招标文件的获取

4.1　招标文件发售时间为______年_____月____日_____时整至______年_____月____日____时整（北京时间，下同）。

4.2　招标文件每标段售价______元，售后不退。

4.3　有意向的投标人须登录中国长江三峡集团有限公司电子采购平台（网址：http://epp.ctg.com.cn/，以下简称“电子采购平台”，服务热线电话：010－57081008）进行免费注册成为注册供应商，在招标文件规定的发售时间内通过电子采购平台点击“报名”提交申请，并在“支付管理”模块勾选对应条目完成支付操作。潜在投标人可以选择在线支付或线下支付（银行汇款）完成标书款缴纳：

（1）在线支付（单位或个人均可）时请先选择支付银行，然后根据页面提示进行支付，支付完成后电子采购平台会根据银行扣款结果自动开放招标文件下载权限；

（2）线下支付（单位或个人均可）时须通过银行汇款将标书款汇至三峡国际招标有限责任公司的开户行：工商银行北京中环广场支行（账号：0200209519200005317）。线下支付成功后，潜在投标人须再次登录电子采购平台，依次填写支付信息、上传汇款底单并保存提交，招标代理机构工作人员核对标书款到账情况后开放下载权限。

4.4　若超过招标文件发售截止时间则不能在电子采购平台相应标段点击“报名”，将不能获取未报名标段的招标文件，也不能参与相应标段的投标，未及时按照规定在电子采购平台报名的后果，由投标人自行承担。

5　电子身份认证

本项目投标文件的网上提交部分需要使用电子钥匙（CA）加密后上传至电子采购平台（标书购买阶段不需使用CA电子钥匙）。本电子采购平台的相关电子钥匙（CA）须在北京天威诚信电子商务服务有限公司指定网站办理（网址：http://sanxia.szzsfw.com/，服务热线电话：010－64134583），请潜在投标人及时办理，以免影响投标，由于未及时办理CA影响投标的后果，由投标人自行承担。

6　投标文件的递交

6.1　投标文件递交的截止时间（投标截止时间，下同）为______年____月____日____

① 分标段时适用，根据项目情况修改。

时整。本次投标文件的递交分现场递交和网上提交，现场递交的地点为______；网上提交的投标文件应在投标截止时间前上传至电子采购平台。

6.2　在投标截止时间前，现场递交的投标文件未送达到指定地点或者网上提交的投标文件未成功上传至电子采购平台，招标人不予受理。

7　确认

你单位收到本投标邀请书后，请于______年____月____日______时整前以传真或电子邮件方式予以确认。

8　联系方式

招 标 人：________________	招标代理机构：三峡国际招标有限责任公司
地　　址：________________	地　　址：________________________
邮　　编：________________	邮　　编：________________________
联 系 人：________________	联 系 人：________________________
电　　话：________________	电　　话：________________________
传　　真：________________	传　　真：________________________
电子邮箱：________________	电子邮箱：________________________

招标采购监督：______________________

联 系 人：__________________________

电　　话：__________________________

传　　真：__________________________

______年____月______日

第一章　投标邀请书（代资格预审通过通知书）

______________（项目名称）投标邀请书

__________（被邀请单位名称）：

1. 你单位已通过资格预审，现邀请你单位按招标文件规定的内容，参加________________________________（项目名称及标段）投标。

2. 请你单位于______年____月____日____时整至______年____月____日____时整（北京时间，下同）按下列要求购买招标文件。

3. 招标文件每标段售价______元，售后不退。

4. 请登录中国长江三峡集团有限公司电子采购平台（网址：http：//epp.ctg.com.cn/，以下简称“电子采购平台”，服务热线电话：010－57081008）进行免费注册成为注册供应商，在招标文件规定的发售时间内通过电子采购平台点击“报名”提交申请，并在“支付管理”模块勾选对应条目完成支付操作。潜在投标人可以选择在线支付或线下支付（银行汇款）完成标书款缴纳：

（1）在线支付（单位或个人均可）时请先选择支付银行，然后根据页面提示进行支付，支付完成后电子采购平台会根据银行扣款结果自动开放招标文件下载权限；

（2）线下支付（单位或个人均可）时须通过银行汇款将标书款汇至三峡国际招标有限责任公司的开户行：工商银行北京中环广场支行（账号：0200209519200005317）。线下支付成功后，潜在投标人须再次登录电子采购平台，依次填写支付信息、上传汇款底单并保存提交，招标代理机构工作人员核对标书款到账情况后开放下载权限。

若超过招标文件发售截止时间则不能在电子采购平台相应标段点击“报名”，将不能获取未报名标段的招标文件，也不能参与相应标段的投标，未及时按照规定在电子采购平台报名的后果，由投标人自行承担。

5. 投标文件递交的截止时间（投标截止时间，下同）为______年____月_____日____时整。本次投标文件的递交分现场递交和网上提交，现场递交的地点为______；网上提交的投标文件应在投标截止时间前上传至电子采购平台。

6. 在投标截止时间前，现场递交的投标文件未送达到指定地点或者网上提交的投标文件未成功上传至电子采购平台，招标人不予受理。

7. 你单位收到本投标邀请书后，请于______年____月____日____时整前以传真或电子邮件方式予以确认。

招 标 人：______________　　招标代理机构：三峡国际招标有限责任公司

地　　址：______________　　地　　址：______________

邮　　编：______________　　邮　　编：______________

联 系 人：______________　　联 系 人：______________

电　　话：______________　　电　　话：______________

传　　真：______________　　传　　真：______________

电子邮箱：______________　　电子邮箱：______________

招标采购监督：______________

联 系 人：______________

电　　话：______________

传　　真：______________

____年____月____日

附表

附表　集中招标项目资格条件汇总表（格式）

序号	标段编号	标段名称	招标范围	资格条件要求	标书款金额	保证金金额	备注

第二章　投标人须知

投标人须知前附表

条款号	条款名称	编列内容
1.1.2	招标人	名称： 地址： 联系人： 电话： 电子邮箱：
1.1.3	招标代理机构	名称：三峡国际招标有限责任公司 地址： 联系人： 电话： 电子邮箱：
1.1.4	项目名称	
1.1.5	项目概况	
1.2.1	资金来源	
1.2.2	出资比例	
1.2.3	资金落实情况	
1.3.1	招标范围	本项目招标范围如下：
1.3.2	交货要求	交货批次和进度： 交货地点： 交货条件：
1.3.3	质量要求	
1.4.1	投标人资质条件、能力和信誉	资质条件： 业绩要求： 信誉要求： 财务要求： 其他要求：
1.4.2	是否接受联合体投标	□不接受 □接受，应满足下列要求：
1.4.5	是否接受代理商投标	□不接受 □接受，应满足下列要求：

续表

条款号	条款名称	编列内容
1.5	费用承担	其中中标服务费用： □由中标人向招标代理机构支付，适用于本须知1.5款________类招标收费标准。 □其他方式：
1.9.1	踏勘现场	□不组织 □组织，踏勘时间： 踏勘集中地点：
1.10.1	投标预备会	□不召开 □召开，召开时间： 召开地点：
1.10.2	投标人提出问题的截止时间	投标预备会____天前
1.10.3	招标人书面澄清的时间	投标截止日期____天前
1.11.2	实质性偏差的内容①	对招标文件的价款的结算、交货期、违约责任、合同争端及解决、履约担保等
2.2.1	投标人要求澄清招标文件的截止时间	投标截止日期前__________天
2.2.2	投标截止时间	____年____月____日____时____分
2.2.3	投标人确认收到招标文件澄清的时间	收到通知后24小时内
2.3.2	投标人确认收到招标文件修改的时间	收到通知后24小时内
3.1.1	构成投标文件的其他材料	
3.2.3	最高投标限价或其计算方法	
3.3.1	投标有效期	自投标截止之日起____天
3.4.1	投标保证金	不要求递交投标保证金 ☑要求递交投标保证金 投标文件应附上一笔符合招标文件规定的投标保证金，金额为人民币______万元/标段。 **1. 递交形式** 通过在线支付或线下支付递交的投标保证金或由国内银行的省、地市级分行出具的银行保函，不接受汇票、支票或现钞等其他方式。 **2. 递交办法** **2.1　使用在线支付或线下缴纳投标保证金** 潜在投标人须登录电子采购平台，于投标截止时间前在“投标管理一投标”菜单中选择项目并点击“支付保证金”，并在“支付管理”模块勾选对应条目完成支付操作。潜在投标人可以选择在线支付或线下支付进行缴纳： (1) 在线支付（通过“B2B”即企业银行对公支付）保证金时，请根据页面提示选择支付银行进行支付。 (2) 线下支付投标保证金时，潜在投标人须通过银行汇款至招标代理机构，汇款成功后，再次登录电子采购平台，依次填写支付信息、上传汇款底单并保存提交。

① 根据项目情况调整。

续表

<table>
<tr><th>条款号</th><th>条款名称</th><th>编列内容</th></tr>
<tr><td></td><td></td><td>2.2　银行保函
潜在投标人须开具有效的银行保函，登录电子采购平台，在线下支付付款方式中选“保函”，并上传银行保函彩色扫描件。
3. 递交时间
潜在投标人选择在线支付方式缴纳投标保证金时，须确保在投标截止时间前投标保证金被扣款成功，否则其投标文件将被否决；选择线下支付缴纳投标保证金时，在投标截止时间前，投标保证金须成功汇至招标代理机构银行账户上，否则其投标文件将被否决；选择银行保函作为投标保证金时，在投标截止时间前，银行保函原件必须随纸质投标文件一起递交招标代理机构，否则其投标将被否决。
4. 退还信息
“投标保证金退还信息及中标服务费交纳承诺书”原件应单独密封，并在封面注明“投标保证金退还信息”，随投标文件一同递交。
5. 投标保证金收款信息：
开户银行：工商银行北京中环广场支行
账号：0200209519200005317
行号：20956
开户名称：三峡国际招标有限责任公司
汇款用途：BZJ</td></tr>
<tr><td>3.4.3</td><td>投标保证金的退还</td><td>1. 使用在线支付或线下支付投标保证金方式：
未中标投标人的投标保证金，将在中标人和招标人签订书面合同后 5 日内予以退还，并同时退还投标保证金利息；中标人的投标保证金将在其与招标人签订书面合同并提供履约担保（如招标文件有要求）、由招标代理机构扣除中标服务费用后 5 日内将余额退还（如不足，需在接到招标代理机构通知后 5 个工作日内补足差额）。
投标保证金利息按收取保证金之日的中国人民银行同期活期存款利率计息，遇利率调整不分段计息。存款利息计算时，本金以“元”为起息点，利息的金额也算至元位，元位以下四舍五入。按投标保证金存放期间计算利息，存放期间一律算头不算尾，即从开标日起算至退还之日前一天止；全年按 360 天，每月均按 30 天计算。
2. 使用银行保函方式：
未中标投标人的银行保函原件，将在中标人和招标人签订书面合同后 5 日内退还；中标人的保函将在中标人和招标人签订书面合同、提供履约担保（如招标文件有要求）且支付中标服务费后 5 日内无息退还。</td></tr>
<tr><td>3.5.2</td><td>近年财务状况的年份要求</td><td>____年，____年至____年</td></tr>
<tr><td>3.5.3</td><td>近年完成的类似项目的年份要求</td><td>____年，____年____月____日至____年____月____日</td></tr>
<tr><td>3.5.5</td><td>近年发生的诉讼及仲裁情况的年份要求</td><td>____年，____年____月____日至____年____月____日</td></tr>
<tr><td>3.5.7</td><td>证明满足其他资格条件所需的证明材料</td><td>应提供以下证明材料：</td></tr>
</table>

续表

条款号	条款名称	编列内容
3.5.8	资格审查时提供原件	□不需要 □需要，包括以下原件：
3.6	是否允许递交备选投标方案	□不允许 □允许
3.7.2	现场递交投标文件份数	现场递交纸质投标文件正本1份、副本__份和电子版__份（U盘）。
3.7.3	纸质投标文件签字或盖章要求	按招标文件第七章“投标文件格式”要求，签字或盖章。
3.7.4	纸质投标文件装订要求	纸质投标文件应按以下要求装订：装订应牢固、不易拆散和换页，不得采用活页装订。
3.7.5	现场递交的投标文件电子版（U盘）格式	投标报价应使用.xlsx进行编制，其他部分的电子版文件可用.docx、.xlsx或PDF等格式进行编制。
3.7.6	网上提交的电子投标文件中的格式	第七章“投标文件格式”中的投标函和授权委托书采用签字盖章后的彩色扫描件；其他部分的电子版文件应采用.docx、.xlsx或PDF格式进行编制。
4.1.2	封套上写明	项目名称： 招标编号： 在____年____月____日____时____分（投标文件截止时间）前不得开启。 投标人名称：
4.2	投标文件的递交	本条款补充内容如下： 投标文件分为网上提交和现场递交两部分。 （1）网上提交 应按照中国长江三峡集团有限公司电子采购平台（以下简称“电子采购平台”）的要求将编制好的文件加密后上传至电子采购平台，具体操作方法详见（http：//epp.ctg.com.cn）网站中“使用指南”。 （2）现场递交 投标人应将纸质投标文件的正本、副本、电子版、投标保证金退还信息和银行保函原件（如有）分别密封递交。纸质版、电子版应包含投标文件的全部内容。
4.2.2	投标文件网上提交	网上提交：中国长江三峡集团有限公司电子采购平台（http：//epp.ctg.com.cn/）。 （1）电子采购平台提供了投标文件各部分内容的上传通道，其中： “投标保证金支付凭证”应上传投标保证金汇款凭证、“投标保证金退还信息及中标服务费交纳承诺书”以及银行保函（如有）彩色扫描件；“评标因素应答对比表”本项目不适用。 （2）电子采购平台中的“商务文件”（2个通道）、“技术文件”（2个通道）、“投标报价文件”（1个通道）和“其他文件”（1个通道），每个通道最大上传文件容量为100M。商务文件、技术文件超过最大上传容量时，投标人可将资格审查资料、图纸文件从“其他文件”通道进行上传；若容量仍不能满足，则将未上传的部分在投标文件格式文件十中进行说明，并将未上传部分包含在现场提交的电子文件中。

续表

条款号	条款名称	编列内容
4.2.3	投标文件现场递交地点	现场递交至：
4.2.4	是否退还投标文件	□否 □是
4.5	是否投标样品	□否 □是，具体要求：
5.1	开标时间和地点	开标时间：同投标截止时间 开标地点：同现场递交投标文件地点
7.2	中标候选人公示	招标人在中国招标投标公共服务平台（http：//www.cebpubservice.com）、中国长江三峡集团有限公司电子采购平台（http：//epp.ctg.com.cn/）网站上公示中标候选人，公示期3个工作日。
7.4.1	履约担保	履约担保的形式：银行保函或保证金 履约担保的金额：签约合同价的______% 开具履约担保的银行：须招标人认可，否则视为投标人未按招标文件规定提交履约担保，投标保证金将不予退还。 （备注：300万元及以上的合同，签订前必须提供履约保函；300万元以下的合同，可按项目实际情况明确是否需要履约保函。）
10	需要补充的其他内容	
10.1	知识产权	构成本招标文件各个组成部分的文件，未经招标人书面同意，投标人不得擅自复印和用于非本招标项目所需的其他目的。招标人全部或者部分使用未中标人投标文件中的技术成果或技术方案时，需征得其书面同意，并不得擅自复印或提供给第三人。
10.2	电子注册	投标人必须登录中国长江三峡集团有限公司电子采购平台（http：//epp.ctg.com.cn）进行免费注册。 未进行注册的投标人，将无法参加投标报名并获取进一步的信息。 本项目投标文件的网上提交部分需要使用电子身份认证（CA）加密后上传至本电子采购平台（标书购买阶段不需使用电子钥匙），本电子采购平台的相关电子身份认证（CA）须在北京天威诚信电子商务服务有限公司指定网站办理（网址是：http：//sanxia.szzsfw.com/），请潜在投标人及时办理，并在投标截止时间至少3日前确认电子钥匙的使用可靠性，因此导致的影响投标或投标文件被拒收的后果，由投标人自行承担。 具体办理方法：一、请登录电子采购平台（http：//epp.ctg.com.cn/）在右侧点击“使用指南”，之后点击“CA电子钥匙办理指南V1.1”，下载PDF文件后查看办理方法；二、请直接登录指定网站（http：//sanxia.szzsfw.com/），点击右上角用户注册，注册用户名及密码，之后点击“立即开始数字证书申请”，按照引导流程完成办理。（温馨提示：电子钥匙办理完成网上流程后需快递资料，办理周期从快递到件计算5个工作日完成。已办理电子钥匙的请核对有效期，必要时及时办理延期！）

续表

条款号	条款名称	编列内容
10.3	投标人须遵守的国家法律法规和规章，及中国长江三峡集团有限公司相关管理制度和标准	
10.3.1	国家法律法规和规章	投标人在投标活动中须遵守包括但不限于以下法律法规和规章： (1)《中华人民共和国合同法》 (2)《中华人民共和国民法通则》 (3)《中华人民共和国招标投标法》 (4)《中华人民共和国招标投标法实施条例》 (5)《工程建设项目货物招标投标办法》(国家计委令第 27 号) (6)《工程建设项目招标投标活动投诉处理办法》(国家发展改革委等 7 部门令第 11 号) (7)《关于废止和修改部分招标投标规章和规范性文件的决定》(国家发展改革委等 9 部门令第 23 号)
10.3.2	中国长江三峡集团有限公司相关管理制度	投标人在投标活动中须遵守以下中国长江三峡集团有限公司相关管理制度： (1)《中国长江三峡集团有限公司供应商信用评价管理办法》 (2) 中国长江三峡集团有限公司供应商信用评价结果的有关通知（登录中国长江三峡集团有限公司电子采购平台：http://epp.ctg.com.cn，之后点击“通知通告”）
10.3.3	中国长江三峡集团有限公司相关企业标准	三峡企业标准：____________ 查阅网址：
10.4	投标人和其他利害关系人认为本次招标活动中涉及个人违反廉洁自律规定的，可通过招标公告中的招标采购监督电话等方式举报	

1　总则

1.1　项目概况

1.1.1　根据《中华人民共和国招标投标法》等有关法律、法规和规章的规定，本招标项目已具备招标条件，现对本项目进行招标。

1.1.2　本招标项目招标人：见投标人须知前附表。

1.1.3　本招标项目招标代理机构：见投标人须知前附表。

1.1.4　本招标项目名称：见投标人须知前附表。

1.1.5　本招标项目概况：见投标人须知前附表。

1.2　资金来源和落实情况

1.2.1　本招标项目的资金来源：见投标人须知前附表。

1.2.2　本招标项目的出资比例：见投标人须知前附表。

1.2.3　本招标项目的资金落实情况：见投标人须知前附表。

1.3　招标范围、交货要求、质量要求

1.3.1　本次招标范围：见投标人须知前附表。

1.3.2　本招标项目的交货要求：见投标人须知前附表。

1.3.3　本招标项目的质量要求：见投标人须知前附表。

1.4　投标人资格要求（适用于已进行资格预审的）

投标人应是收到招标人发出投标邀请书的单位。

1.4　投标人资格要求（适用于未进行资格预审的）

1.4.1　投标人应具备承担本招标项目的资质条件、能力和信誉。相关资质要求如下：

（1）资质条件：见投标人须知前附表；

（2）业绩要求：见投标人须知前附表；

（3）信誉要求：见投标人须知前附表；

（4）财务要求：见投标人须知前附表；

（5）其他要求：见投标人须知前附表。

1.4.2　投标人须知前附表规定接受联合体投标的，除应符合本章第1.4.1项和投标人须知前附表的要求外，还应遵守以下规定：

（1）联合体各方应按招标文件提供的格式签订联合体协议书，明确联合体牵头人和各成员方权利义务；

（2）由同一专业的单位组成的联合体，按照资质等级较低的单位确定联合体的资质等级；

（3）联合体各方不得再以自己名义单独或参加其他联合体在同一标段中投标。

1.4.3　投标人不得存在下列情形之一：

（1）为招标人不具有独立法人资格的附属机构（单位）；

（2）被责令停业的；

（3）被暂停或取消投标资格的；

（4）财产被接管或冻结的；

（5）在最近三年内有骗取中标或严重违约或投标设备存在重大质量问题的；

（6）投标人处于中国长江三峡集团有限公司限制投标的专业范围及期限内。

1.4.4　投标人不能作为其他投标人的分包人同时参加投标；单位负责人为同一人或者存在控股、管理关系的不同单位，不得参加同一标段投标或者未划分标段的同一招标项目投标。

1.4.5　投标人须知前附表规定接受代理商投标的，应符合本章第1.4.1项和投标人须知前附表的要求。

1.5　费用承担

投标人在本次投标过程中所发生的一切费用，不论中标与否，均由投标人自行承担，招标人和招标代理机构在任何情况下均无义务和责任承担这些费用。本项目招标

工作由三峡国际招标有限责任公司作为招标代理机构负责组织，中标服务费用由中标人向招标代理机构支付，具体金额按照下表（中标服务费收费标准）计算执行。投标人投标费用中应包含拟支付给招标代理机构的中标服务费，该费用在投标报价表中不单独出项。收费类型见投标人须知前附表。

中标服务费用在合同签订后 5 日内，由招标代理机构直接从中标人的投标保证金中扣付。投标保证金不足支付中标服务费用时，中标人应补足差额。招标代理机构收取中标服务费用后，向中标人开具相应金额的服务费发票。

中标服务费收费标准

服费务类型	工程类	货物类	服务类
中标金额（万元）			
100 以下	1.00%	1.50%	1.50%
100—500	0.70%	1.10%	0.80%
500—1000	0.55%	0.80%	0.45%
1000—5000	0.35%	0.50%	0.25%
5000—10000	0.20%	0.25%	0.10%
10000—50000	0.05%	0.05%	0.05%
50000—100000	0.035%	0.035%	0.035%
100000—500000	0.008%	0.008%	0.008%
500000—1000000	0.006%	0.006%	0.006%
1000000 以上	0.004%	0.004%	0.004%

注：中标服务费按差额定率累进法计算。例如：某货物类招标代理业务中标金额为 900 万元，计算中标服务费如下：

100×1.5%＝1.5 万元

（500—100）×1.1%＝4.4 万元

（900—500）×0.80%＝3.2 万元

合计收费＝1.5＋4.4＋3.2＝9.1 万元

1.6 保密

参与招标投标活动的各方应对招标文件和投标文件中的商业和技术等秘密保密，违者应对由此造成的后果承担法律责任。

1.7 语言文字

1.7.1 招标投标文件使用的语言文字为中文。专用术语使用外文的，应附有中文注释。

1.7.2 投标人与招标人之间就投标交换的所有文件和来往函件，均应用中文书写。

1.7.3 如果投标人提供的任何印刷文献和证明文件使用其他语言文字，则应将有关段落译成中文一并附上，如有差异，以中文为准。投标人应对译文的正确性负责。

1.8 计量单位

所有计量均采用中华人民共和国法定计量单位。

1.9 踏勘现场

1.9.1 投标人须知前附表规定组织踏勘现场的，招标人按投标人须知前附表规定的时间、地点组织投标人踏勘项目现场。

1.9.2 投标人踏勘现场发生的费用自理。

1.9.3 除招标人的原因外，投标人自行负责在踏勘现场中所发生的人员伤亡和财产损失。

1.9.4 招标人在踏勘现场中介绍的工程场地和相关的周边环境情况，供投标人在编制投标文件时参考，招标人不对投标人据此做出的判断和决策负责。

1.10 投标预备会

1.10.1 投标人须知前附表规定召开投标预备会的，招标人按投标人须知前附表规定的时间和地点召开投标预备会，澄清投标人提出的问题。

1.10.2 投标人应在投标人须知前附表规定的时间前，在电子采购平台上以电子文件的形式将提出的问题送达招标人，以便招标人在会议期间澄清。

1.10.3 投标预备会后，招标人在投标人须知前附表规定的时间内，将对投标人所提问题的澄清，在电子采购平台上以电子文件的形式通知所有购买招标文件的投标人。该澄清内容为招标文件的组成部分。

1.10.4 招标人在会议期间澄清仅供投标人在编制投标文件时参考，招标人不对投标人据此做出的判断和决策负责。

1.11 提交偏差表

1.11.1 投标人应对招标文件的要求做出实质性的响应。如有偏差应逐条提出，并按投标文件的格式要求提出商务、技术偏差。

1.11.2 投标人对招标文件前附表中规定的内容提出负偏差将被认为是对招标文件的非实质性响应，其投标文件将被否决。

1.11.3 按投标文件格式提出偏差仅仅是为了招标人评标方便。但未在其投标文件中提出偏差的条款或部分，应视为投标人完全接受招标文件的规定。

2 招标文件

2.1 招标文件的组成

2.1.1 本招标文件包括：

第一章，招标公告/投标邀请书；

第二章，投标人须知；

第三章，评标办法；

第四章，合同条款及格式；

第五章，投标报价表；

第六章，技术规范；

第七章，投标文件格式。

2.1.2　根据本章第 1.10 款、第 2.2 款和第 2.3 款对招标文件所做的澄清、修改，构成招标文件的组成部分。

2.2　招标文件的澄清

2.2.1　投标人应仔细阅读和检查招标文件的全部内容。如发现缺页或附件不全，应及时向招标人提出，以便补齐。如有疑问，应在投标人须知前附表规定的时间前在电子采购平台上以电子文件形式，要求招标人对招标文件予以澄清。

2.2.2　招标文件的澄清将在投标人须知前附表规定的投标截止时间 15 天前在电子采购平台上以电子文件形式发给所有购买招标文件的投标人，但不指明澄清问题的来源。如果澄清发出的时间距投标截止时间不足 15 天，并且澄清内容影响投标文件编制的，招标人相应延长投标截止时间。

2.2.3　投标人在收到澄清后，应在投标人须知前附表规定的时间内以书面形式通知招标人，确认已收到该澄清。未及时确认的，将根据电子采购平台下载记录默认潜在投标人已收到该澄清文件。

2.3　招标文件的修改

2.3.1　在投标截止时间 15 天前，招标人在电子采购平台上以电子文件形式修改招标文件，并通知所有已购买招标文件的投标人。如果修改招标文件的时间距投标截止时间不足 15 天，并且修改内容影响投标文件编制的，招标人相应延长投标截止时间。

2.3.2　投标人收到修改内容后，应在投标人须知前附表规定的时间内以书面形式通知招标人，确认已收到该修改。未及时确认的，将根据电子采购平台下载记录默认潜在投标人已收到该修改文件。

3　投标文件

3.1　投标文件的组成

3.1.1　投标文件应包括下列内容：

（1）投标函；

（2）授权委托书、法定代表人身份证明；

（3）联合体协议书（如有）；

（4）投标保证金；

（5）投标报价表；

（6）技术方案；

（7）偏差表；

（8）拟分包（外购）项目情况表

（9）资格审查资料；

（10）构成投标文件的其他材料。

3.1.2 投标人须知前附表规定不接受联合体投标的，或投标人没有组成联合体的，投标文件不包括本章第3.1.1（3）目所指的联合体协议书。

3.2 投标报价

3.2.1 投标人应按第五章“投标报价表”的要求填写相应表格。

3.2.2 投标人在投标截止时间前修改投标函中的投标总报价，应同时修改第五章“投标报价表”中的相应报价，投标报价总额为各分项金额之和。此修改须符合本章第4.3款的有关要求。

3.2.3 招标人设有最高投标限价的，投标人的投标报价不得超过最高投标限价，最高投标限价或其计算方法在投标人须知前附表中载明。

3.3 投标有效期

3.3.1 在投标人须知前附表规定的投标有效期内，投标人不得要求撤销或修改其投标文件。

3.3.2 出现特殊情况需要延长投标有效期的，招标人在电子采购平台上以电子文件形式通知所有投标人延长投标有效期。投标人同意延长的，应相应延长其投标保证金的有效期，但不得要求或被允许修改或撤销其投标文件；投标人拒绝延长的，其投标失效，但投标人有权收回其投标保证金。

3.4 投标保证金

3.4.1 投标人在递交投标文件的同时，应按投标人须知前附表规定的金额、担保形式和第七章“投标文件格式”规定的投标保证金格式递交投标保证金，并作为其投标文件的组成部分。联合体投标的，其投标保证金由牵头人递交，并应符合投标人须知前附表的规定。

3.4.2 投标人不按本章第3.4.1项要求提交投标保证金的，其投标将被否决。

3.4.3 招标代理机构按投标人须知前附表的规定退还投标保证金。

3.4.4 有下列情形之一的，投标保证金将不予退还：

（1）投标人在规定的投标有效期内撤销或修改其投标文件；

（2）中标人在收到中标通知书后，无正当理由拒签合同协议书或未按招标文件规定提交履约担保。

3.5 资格审查资料（适用于已进行资格预审的）

投标人在编制投标文件时，应按新情况更新或补充其在申请资格预审时提供的资

料，以证实其各项资格条件仍能继续满足资格预审文件的要求，具备承担本招标项目的资质条件、能力和信誉。

3.5 资格审查资料（适用于未进行资格预审的）

3.5.1 “投标人基本情况表”应附投标人营业执照副本、资质证书副本、检测报告和特殊行政许可证等要求材料的扫描件。

3.5.2 “近年财务状况表”应附经会计师事务所或审计机构审计的财务会计报表，包括资产负债表、现金流量表、利润表和财务情况说明书的复印件，具体年份要求见投标人须知前附表。

3.5.3 “近年完成的类似项目情况表”应附中标通知书和（或）合同协议书、验收报告的扫描件，具体年份要求见投标人须知前附表。每张表格只填写一个项目，并标明序号。

3.5.4 “正在实施和新承接的项目情况表”应附中标通知书和（或）合同协议书扫描件。每张表格只填写一个项目，并标明序号。

3.5.5 “近年发生的诉讼及仲裁情况”应说明相关情况，并附法院或仲裁机构做出的判决、裁决等有关法律文书复印件，具体年份要求见投标人须知前附表。

3.5.6 投标人须知前附表规定接受联合体投标的，本章第 3.5.1 项至第 3.5.5 项规定的表格和资料应包括联合体各方相关情况。

3.5.7 证明满足其他资格条件所需的证明材料，包括通过质量、安全、环保认证材料，相关人员的资格证明文件等。具体要求见投标人须知前附表。

3.5.8 资格审查时需要提供原件核验的要求见投标人须知前附表。

3.6 备选投标方案

除投标人须知前附表另有规定外，投标人不得递交备选投标方案。允许投标人递交备选投标方案的，只有中标人所递交的备选投标方案方可予以考虑。评标委员会认为中标人的备选投标方案优于其按照招标文件要求编制的投标方案的，招标人可以接受该备选投标方案。

3.7 投标文件的编制

3.7.1 投标文件应按第七章“投标文件格式”进行编写，如有必要，可以增加附页，作为投标文件的组成部分。其中，投标函在满足招标文件实质性要求的基础上，可以提出比招标文件要求更有利于招标人的承诺。

3.7.2 投标文件包括网上提交的电子文件、纸质文件和现场递交的投标文件电子版（U 盘），具体数量要求见投标人须知前附表。

3.7.3 纸质投标文件应用不褪色的材料书写或打印，并由投标人的法定代表人或其委托代理人签字或盖单位章。委托代理人签字的，投标文件应附法定代表人签署的授权委托

书。投标文件应尽量避免涂改、行间插字或删除。如果出现上述情况，改动之处应加盖单位章或由投标人的法定代表人或其授权的代理人签字确认。所有投标文件均需使用阿拉伯数字从前至后逐页编码。签字或盖章的具体要求见投标人须知前附表。

3.7.4 现场递交的纸质投标文件的正本与副本应分别装订成册，具体装订要求见投标人须知前附表规定。

3.7.5 现场递交的投标文件电子版（U 盘）应为未加密的电子文件，并应按照投标人须知前附表规定的格式进行编制。

3.7.6 网上提交的电子投标文件应按照投标人须知前附表规定格式进行编制。

4 投标

4.1 投标文件的密封和标记

4.1.1 投标文件现场递交部分应进行密封包装，并在封套的封口处加盖投标人单位章；网上提交的电子投标文件应加密后递交。

4.1.2 投标文件现场递交部分的封套上应写明的内容见投标人须知前附表。

4.1.3 未按本章第 4.1.1 项或第 4.1.2 项要求密封和加写标记的投标文件，招标人不予受理。

4.2 投标文件的递交

4.2.1 投标人应在投标人须知前附表规定的投标截止时间前分别在网上提交和现场递交投标文件。

4.2.2 投标文件网上提交：投标人应按照投标人须知前附表要求将编制好的投标文件加密后上传至电子采购平台，具体操作方法详见（http：//epp.ctg.com.cn）网站中“使用指南”。

4.2.3 投标人现场递交投标文件（包括纸质版和电子版）的地点：见投标人须知前附表。

4.2.4 除投标人须知前附表另有规定外，投标人所递交的投标文件不予退还。

4.2.5 在投标截止时间前，现场递交的投标文件未送达到指定地点或者网上提交的投标文件未成功上传至电子采购平台，招标人不予受理。

4.3 投标文件的修改与撤回

4.3.1 在本章第 2.2.2 项规定的投标截止时间前，投标人可以修改或撤回已递交的投标文件，但应以书面形式通知招标人。

4.3.2 投标人如要修改投标文件，必须在修改后再重新上传电子文件；现场递交的投标文件也要做出相应修改。投标人修改或撤回已递交投标文件的书面通知应按照本章第 3.7.3 项的要求签字或盖章。招标人收到书面通知后，向投标人出具签收凭证。

4.3.3　修改的内容为投标文件的组成部分。修改的投标文件应按照本章第 3 条、第 4 条规定进行编制、密封、标记和递交，并标明“修改”字样。

4.3.4　投标人撤回投标文件的，招标人自收到投标人书面撤回通知之日起 5 日内退还已收取的投标保证金。

4.4　投标文件的有效性

4.4.1　当网上提交和现场递交的投标文件内容不一致时，以网上提交的投标文件为准。

4.4.2　当现场递交的投标文件电子版与投标文件纸质版正本内容不一致时，以投标文件纸质版正本为准。

4.4.3　当电子采购平台上传的投标文件全部或部分解密失败或发生第 5.3 项紧急情形时，经监督人或公证人确认后，以投标文件纸质版正本为准。

4.5　投标样品

4.5.1　除投标人须知前附表另有规定外，投标人应提交能反映货物材质或关键部分的样品，同时应提交“样品清单”。

4.5.2　为方便评标，投标人在提供样品时，应使用透明的外包装或尽量少用外包装，但必须在所提供的样品表面显著位置标注投标人的名称、包号、样品名称、招标文件规定的货物编号。

4.5.3　样品作为投标文件的一部分，除非另有说明，中标单位的样品不再退还，未中标单位须在中标公告发布后五个工作日内，前往招标机构领取投标样品，逾期不领，招标机构将不再承担样品的保管责任，由此引发的样品丢失、毁损，招标机构不予负责。

5　开标

5.1　开标时间和地点

招标人在本章第 2.2.2 项规定的投标截止时间（开标时间）和投标人须知前附表规定的地点公开开标，并邀请所有投标人的法定代表人或其委托代理人准时参加。

5.2　开标程序（适用于电子开标）

招标人在规定的时间内，通过电子采购平台开评标系统，按下列程序进行开标：

（1）宣布开标程序及纪律；

（2）公布在投标截止时间前递交投标文件的投标人名称，并点名确认投标人是否派人到场；

（3）宣布开标人、记录人、监督人或公证人等人员姓名；

（4）监督人或公证人检查投标文件的递交及密封情况；

（5）根据检查情况，对未按招标文件要求递交投标文件的投标人，或已递交了一

封可接受的撤回通知函的投标人，将在电子采购平台中进行不开标设置；

（6）设有标底的，公布标底；

（7）宣布进行电子开标，显示投标总价解密情况，如发生投标总价解密失败，将对解密失败的按投标文件纸质版正本进行补录；

（8）显示开标记录表；（如果投标人电子开标总报价明显存在单位错误或数量级差别，在投标人当场提出异议后，按其纸质投标文件正本进行开标，评标时评标委员会根据其网上提交的电子投标文件进行总报价复核。）

（9）公证人员宣读公证词；

（10）宣布评标期间注意事项；

（11）投标人代表等有关人员在开标记录上签字确认（有公证时，不适用）；

（12）开标结束。

5.3　开标程序（适用于纸质投标文件开标）

主持人按下列程序进行开标：

（1）宣布开标纪律；

（2）公布在投标截止时间前递交投标文件的投标人名称，并点名确认投标人是否派人到场；

（3）宣布开标人、唱标人、记录人、监督人或公证人等有关人员姓名；

（4）监督人或公证人检查投标文件的递交及密封情况；

（5）确定并宣布投标文件开标顺序；

（6）设有标底的，公布标底；

（7）按照宣布的开标顺序当众开标，公布投标人名称、项目及标段名称、投标报价及其他内容，并记录在案；

（8）公证人员宣读公证词；

（9）宣布评标期间注意事项；

（10）投标人代表等有关人员在开标记录上签字确认（有公证时，不适用）；

（11）开标结束。

5.4　电子招投标的应急措施

5.4.1　开标前出现以下情况，导致投标人不能完成网上提交电子投标文件的紧急情形，招标代理机构在开标截止时间前收到电子钥匙办理单位书面证明材料时，采用纸质投标文件正本进行报价补录。

（1）电子钥匙非人为故意损坏；

（2）因电子钥匙办理单位原因导致电子钥匙办理来不及补办。

5.4.2　当电子采购平台出现下列紧急情形时，采用纸质投标文件正本进行开标：

（1）系统服务器发生故障，无法访问或无法使用系统；

（2）系统的软件或数据库出现错误，不能进行正常操作；

（3）系统发现有安全漏洞，有潜在的泄密危险；

（4）病毒发作或受到外来病毒的攻击；

（5）投标文件解密失败；

（6）其他无法进行正常电子开标的情形。

5.5　开标异议

如投标人对开标过程有异议的，应在开标会议现场当场提出，招标人现场进行答复，由开标工作人员进行记录。

5.6　开标监督与结果

5.6.1　开标过程中，各投标人应在开标现场见证开标过程和开标内容，开标结束后，将在电子采购平台上公布开标记录表，投标人可在开标当日登录电子采购平台查看相关开标结果。

5.6.2　无公证情况时，不参加现场开标仪式或开标结束后拒绝在开标记录表上签字确认的投标人，视为默认开标结果。

5.6.3　未在开标时开封和宣读的投标文件，不论情况如何均不能进入进一步的评审。

6　评标

6.1　评标委员会

6.1.1　评标由招标人依法组建的评标委员会负责。评标委员会由招标人或其委托的招标代理机构熟悉相关业务的代表，以及有关技术、经济等方面的专家组成。

6.1.2　评标委员会成员有下列情形之一的，应当回避：

（1）投标人或投标人的主要负责人的近亲属；

（2）项目行政主管部门或者行政监督部门的人员；

（3）与投标人有经济利益关系，可能影响对投标公正评审的；

（4）曾因在招标、评标以及其他与招标投标有关活动中从事违法行为而受过行政处罚或刑事处罚的；

（5）与投标人有其他利害关系。

6.2　评标原则

评标活动遵循公平、公正、科学和择优的原则。

6.3　评标

评标委员会按照第三章“评标办法”规定的方法、评审因素、标准和程序对投标文件进行评审。第三章“评标办法”没有规定的方法、评审因素和标准，不作为评标依据。

7 合同授予

7.1 定标方式

招标人依据评标委员会推荐的中标候选人确定中标人。

7.2 中标候选人公示

招标人在投标人须知前附表规定的媒介公示中标候选人。

7.3 中标通知

在本章第 3.3 款规定的投标有效期内，招标人以书面形式向中标人发出中标通知书，同时将中标结果通知未中标的投标人。

7.4 履约担保

7.4.1 中标人应按投标人须知前附表规定的金额、担保形式和招标文件第四章“合同条款及格式”规定的履约担保格式及时间要求向招标人提交履约担保。联合体中标的，其履约担保由牵头人递交，并应符合投标人须知前附表规定的金额、担保形式和招标文件第四章“合同条款及格式”规定的履约担保格式要求。

7.4.2 中标人不能按本章第 7.4.1 项要求提交履约担保的，视为放弃中标，其投标保证金不予退还，给招标人造成的损失超过投标保证金数额的，中标人还应当对超过部分予以赔偿。

7.5 签订合同

7.5.1 招标人和中标人应当自中标通知书发出之日起 30 天内，根据招标文件和中标人的投标文件订立书面合同。中标人无正当理由拒签合同的，招标人取消其中标资格，其投标保证金不予退还；给招标人造成的损失超过投标保证金数额的，中标人还应当对超过部分予以赔偿。

7.5.2 发出中标通知书后，招标人无正当理由拒签合同的，招标人向中标人退还投标保证金；给中标人造成损失的，还应当赔偿损失。

8 重新招标和不再招标

8.1 重新招标

有下列情形之一的依法必须招标的项目，招标人将重新招标：

（1）投标截止时间止，投标人少于 3 名的；

（2）经评标委员会评审后否决所有投标的；

（3）国家相关法律法规规定的其他重新招标情形。

8.2 不再招标

重新招标后投标人仍少于 3 名或者所有投标被否决的，不再进行招标。

9　纪律和监督

9.1　对招标人的纪律要求

招标人不得泄露招标投标活动中应当保密的情况和资料，不得与投标人串通损害国家利益、社会公共利益或者他人合法权益。

9.2　对投标人的纪律要求

9.2.1　投标人不得相互串通投标或者与招标人串通投标，不得向招标人或者评标委员会成员行贿谋取中标，不得以他人名义投标或者以其他方式弄虚作假骗取中标；投标人不得以任何方式干扰、影响评标工作，或以不正当手段获取招标人评标的有关信息，一经查实，招标人将否决其投标。

9.2.2　如果投标人存在失信行为，招标人除报告国家有关部门由其进行处罚外，招标人还将根据《中国长江三峡集团有限公司供应商信用评价管理办法》中的相关规定对其进行处理。

9.3　对评标委员会成员的纪律要求

评标委员会成员不得收受他人的财物或者其他好处，不得向他人透漏对投标文件的评审和比较、中标候选人的推荐情况以及评标有关的其他情况。在评标活动中，评标委员会成员不得擅离职守，影响评标程序正常进行，不得使用第三章“评标办法”没有规定的评审因素和标准进行评标。

9.4　对与评标活动有关的工作人员的纪律要求

与评标活动有关的工作人员不得收受他人的财物或者其他好处，不得向他人透漏对投标文件的评审和比较、中标候选人的推荐情况以及评标有关的其他情况。在评标活动中，与评标活动有关的工作人员不得擅离职守，影响评标程序正常进行。

9.5　异议处理

9.5.1　异议必须由投标人或者其他利害关系人以实名提出，在下述异议提出有效期间内以书面形式按照招标文件规定的联系方式提交给招标人。为保证正常的招标秩序，异议人须按本章第 9.5.2 项要求的内容提交异议。

（1）对资格预审文件有异议的，应在提交资格预审申请文件截止时间 2 日前提出；对招标文件及其修改和补充文件有异议的，应在投标截止时间 10 日前提出；

（2）对开标有异议的，应在开标现场提出；

（3）对中标结果有异议的，应在中标候选人公示期间提出。

9.5.2　异议书应当以书面形式提交（如为传真或者电邮，需将异议书原件同时以特快专递或者派人送达招标人），异议书应当至少包括下列内容：

（1）异议人的名称、地址及有效联系方式；

（2）异议事项的基本事实（异议事项必须具体）；

（3）相关请求及主张（主张必须明确，诉求清楚）；

（4）有效线索和相关证明材料（线索必须有效且能够查证，证明材料必须真实有效，且能够支持异议人的主张或者诉求）。

9.5.3 异议人是投标人的，异议书应由其法定代表人或其委托代理人签订并盖章。异议人若是其他利害关系人，属于法人的，异议书必须由其法定代表人或其委托代理人签字并盖章；属于其他组织或个人的，异议书必须由其主要负责人或异议人本人签字，并附有效身份证明复印件。

9.5.4 招标人只对投标人或者其他利害关系人提交了合格异议书的异议事项进行处理，并于收到异议书3日内做出答复。异议书不是投标人或者其他利害关系人提出的，异议书内容或者形式不符合第9.5.2项要求的，招标人可不受理。

9.5.5 招标人对异议事项做出处理后，异议人若无新的证据或者线索，不得就所提异议事项再提出异议。除开标外，异议人自收到异议答复之日起3日内应进行确认并反馈意见，若超过此时限，则视同异议人同意答复意见，招标及采购活动可继续进行。

9.5.6 经招标人查实，若异议人以提出异议为名进行虚假、恶意异议的，阻碍或者干扰了招标投标活动的正常进行，招标人将对异议人做出如下处理：

（1）如果异议人为投标人，将异议人的行为作为不良信誉记录在案。如果情节严重，给招标人带来重大损失的，招标人有权追究其法律责任，并要求其赔偿相应的损失，自异议处理结束之日起3年内禁止其参加招标人组织的招标活动。

（2）对其他利害关系人招标人将保留追究其法律责任的权利，并记录在案。

9.6 投诉

投标人和其他利害关系人认为本次招标活动违反法律、法规和规章规定的，有权向有关行政监督部门投诉。

10 需要补充的其他内容

需要补充的其他内容：见投标人须知前附表。

附件一：开标记录表

________________________（项目名称）

开标一览表

招标编号：　　　　　　　　　　　　　　　　标段名称：
开标时间：　　　　　　　　　　　　　　　　开标地点：

序号	投标人名称	投标报价（元）	备　注
1			
2			
3			
4			
5			
6			
7			
8			
9			
……			

备注：
记录人：　　　　　　　　　　　　监督人：　　　　　　　　　　　　公证人：

附件二：问题澄清通知

____________项目问题澄清通知

编号：______

__________________（投标人名称）：

现将本项目评标委员会在审查贵单位投标文件后所提出的澄清问题以传真（邮件）的形式发给贵方，请贵方在收到该问题清单后逐一做出相应的书面答复，澄清答复文件的签署要求与投标文件相同，并请于________年______月______日______时前将澄清答复文件传真至三峡国际招标有限责任公司。此外该澄清答复文件电子版还应以电子邮件的形式传给我方，邮箱地址：______________。未按时送交澄清答复文件的投标人将不能进入下一步评审。

附：澄清问题清单

1.

2.

……

__________招标评标委员会

________年____月____日

附件三：问题的澄清

________________（项目名称）问题的澄清

编号：________

________________（项目名称）招标评标委员会：

问题澄清通知（编号：______________）已收悉，现澄清如下：

1.

2.

……

投标人：____________________（盖单位章）

法定代表人或其委托代理人：______________（签字）

________年____月____日

附件四：中标候选人公示和中标结果公示

（项目及标段名称）中标候选人公示
（招标编号：　　　　　）

<table>
<tr><td>招标人</td><td colspan="2"></td><td>招标代理机构</td><td colspan="2">三峡国际招标有限责任公司</td></tr>
<tr><td>公示开始时间</td><td colspan="2"></td><td>公示结束时间</td><td colspan="2"></td></tr>
<tr><td colspan="2">内容</td><td>第一中标候选人</td><td colspan="2">第二中标候选人</td><td>第三中标候选人</td></tr>
<tr><td colspan="2">1. 中标候选人名称</td><td></td><td colspan="2"></td><td></td></tr>
<tr><td colspan="2">2. 投标报价</td><td></td><td colspan="2"></td><td></td></tr>
<tr><td colspan="2">3. 质量</td><td></td><td colspan="2"></td><td></td></tr>
<tr><td colspan="2">4. 工期（交货期）</td><td></td><td colspan="2"></td><td></td></tr>
<tr><td colspan="2">5. 评标情况</td><td></td><td colspan="2"></td><td></td></tr>
<tr><td colspan="2">6. 资格能力条件</td><td></td><td colspan="2"></td><td></td></tr>
<tr><td rowspan="3">7. 项目负责人情况</td><td>姓名</td><td></td><td colspan="2"></td><td></td></tr>
<tr><td>证书名称</td><td></td><td colspan="2"></td><td></td></tr>
<tr><td>证书编号</td><td></td><td colspan="2"></td><td></td></tr>
<tr><td colspan="2" rowspan="3">8. 提出异议的渠道和方式（投标人或其他利害关系人如对中标候选人有异议，请在中标候选人公示期间以书面形式实名提出，并应由异议人的法定代表人或其授权代理人签字并盖章。对于无异议人名称和地址及有效联系方式、无具体异议事项、主张不明确、诉求不清楚、无有效线索和相关证明材料的异议将不予受理）。</td><td>电话</td><td colspan="2"></td><td></td></tr>
<tr><td>传真</td><td colspan="2"></td><td></td></tr>
<tr><td>Email</td><td colspan="2"></td><td></td></tr>
</table>

（项目及标段名称）中标结果公示

（招标人名称）根据本项目评标委员会的评定和推荐，并经过中标候选人公示，确定本项目中标人如下：

招标编号	项目名称	标段名称	中标人名称

招标人：

招标代理机构：三峡国际招标有限责任公司

日期：

附件五：中标通知书

中标通知书

________________（中标人名称）：

在________________（招标编号：____________）招标中，根据《中华人民共和国招标投标法》等相关法律法规和此次招标文件的规定，经评定，贵公司中标。请在接到本通知后的________日内与________________联系合同签订事宜。

请在收到本传真后立即向我公司回函确认。谢谢！

合同谈判联系人：

联系电话：

____

____年____月____日

附件六：确认通知

确认通知

______________________（招标人名称）：

我方已接到你方______年____月____日发出的____________________（项目名称）招标关于____________________的通知，我方已于______年____月____日收到。

特此确认。

投标人：____________________（盖单位章）

________年____月____日

第三章　评标办法（经评审的最低投标价法）

评标办法前附表

<table>
<tr><th colspan="2">条款号</th><th>评审因素</th><th>评审标准</th></tr>
<tr><td rowspan="6">2.1.1</td><td rowspan="6">形式评审标准</td><td>投标人名称</td><td>与营业执照、相关证书一致</td></tr>
<tr><td>投标函签字盖章</td><td>有法定代表人或其委托代理人签字或加盖单位章</td></tr>
<tr><td>投标文件格式</td><td>符合第七章“投标文件格式”的要求</td></tr>
<tr><td>联合体投标人（如有）</td><td>提交联合体协议书，并明确联合体牵头人</td></tr>
<tr><td>报价唯一</td><td>只能有一个有效报价</td></tr>
<tr><td>……</td><td>……</td></tr>
<tr><td rowspan="7">2.1.2</td><td rowspan="7">资格评审标准</td><td>营业执照</td><td>具备有效的营业执照</td></tr>
<tr><td>生产资质</td><td>具备有效的(生产许可证/检验报告……）扫描件或证明材料</td></tr>
<tr><td>业绩要求</td><td>符合第二章“投标人须知”第 1.4.1 项规定</td></tr>
<tr><td>信誉要求</td><td>符合第二章“投标人须知”第 1.4.1 项规定</td></tr>
<tr><td>财务要求</td><td>符合第二章“投标人须知”第 1.4.1 项规定</td></tr>
<tr><td>其他要求</td><td>符合第二章“投标人须知”第 1.4.1 项规定</td></tr>
<tr><td>……</td><td>……</td></tr>
<tr><td rowspan="8">2.1.3</td><td rowspan="8">响应性评审标准</td><td>投标内容</td><td>符合第二章“投标人须知”第 1.3.1 项规定</td></tr>
<tr><td>交货进度</td><td>符合第二章“投标人须知”第 1.3.2 项规定</td></tr>
<tr><td>投标有效期</td><td>符合第二章“投标人须知”第 3.3.1 项规定</td></tr>
<tr><td>投标保证金</td><td>符合第二章“投标人须知”第 3.4.1 项规定</td></tr>
<tr><td>权利义务</td><td>符合第四章“合同条款及格式”规定</td></tr>
<tr><td>投标报价表</td><td>符合第五章“投标报价表”给出的范围及数量要求</td></tr>
<tr><td>产品质量</td><td>符合第六章“技术规范”的规定</td></tr>
<tr><td>……</td><td>……</td></tr>
<tr><td>3.1.1</td><td>初步评审</td><td>初步评审短名单确定</td><td>按照投标人的报价由低到高排序，当投标人少于 10 名时，选取排序前 5 名进入短名单；当投标人为 10 名及以上时，选取排序前 6 名进入短名单。若进入短名单的投标人未能通过初步评审，或进入短名单投标人有算术错误，经修正后的报价高于其他未进入短名单的投标人报价，则依序递补。如果数量不足 5 名时，按照实际数量选取。</td></tr>
<tr><td>3.2.1</td><td>详细评审</td><td>详细评审短名单确定</td><td>通过初步评审的投标人全部进入详细评审。</td></tr>
</table>

续表

条款号		评审因素	评审标准
3.2.2	详细评审标准	投标报价的处理规则	(1) 对于投标人未做说明的报价修改，招标人将把修改后的报价按比例分摊到投标报价的相关各项目（不含暂估价项目）上，调整后的报价对投标人具有约束力。投标人不接受修正价格的，其投标将被否决。 (2) 对于投标人未按招标文件规定进行报价的漏报项目应被视为含在所报价格中，但评标时招标人将把所有进入详细评审的投标人中对该项目的最高报价计入此投标人的此项评标价格。按此款所做的评标价格调整仅用于评标使用。 (3) 如投标人某项目单价明显偏低，经评标委员会认定低于成本价时，则以进入详细评审短名单的所有投标人中该项目最高单价替换此单价，重新计算其经评审的投标价。
条款号		量化因素	量化标准
		……	……

1 评标方法

本次评标采用经评审的最低投标价法。评标委员会对满足招标文件实质要求的投标文件，根据本章第 2.2 款规定的量化因素及量化标准进行价格折算，按照经评审的投标价由低到高的顺序推荐________名中标候选人，或根据招标人授权直接确定中标人，但投标报价低于其成本的除外。经评审的投标价相等时，投标报价低的优先；投标报价也相等时，注册资本金高的优先；注册资本金也相等的，由招标人自行确定。

2 评审标准

2.1 初步评审标准

2.1.1 形式评审标准：见评标办法前附表。

2.1.2 资格评审标准：见评标办法前附表。

2.1.3 响应性评审标准：见评标办法前附表。

2.2 详细评审标准

详细评审标准：见评标办法前附表。

3 评标程序

3.1 初步评审

3.1.1 初步评审短名单的确定：见评标办法前附表。

3.1.2　评标委员会依据本章第 2.1 款规定的标准对投标文件进行初步评审。有一项不符合评审标准的，其投标将被否决。

3.1.3　投标人有以下情形之一的，其投标应被否决：

（1）第二章“投标人须知”第 1.4.3 项规定的任何一种情形的；

（2）串通投标或弄虚作假或有其他违法行为的；

（3）不按评标委员会要求澄清、说明或补正的。

3.1.4　技术评议时，存在下列情况之一的，评标委员会应当否决其投标：

（1）投标文件不满足招标文件技术规格中加注星号（“*”）的主要参数要求或加注星号（“*”）的主要参数无技术资料支持；

（2）投标文件技术规格中一般参数超出允许偏离的最大范围；

（3）投标文件技术规格中的响应与事实不符或虚假投标；

（4）投标文件中存在的按照招标文件中有关规定构成否决投标的其他技术偏差情况。

3.1.5　投标报价有算术错误的，评标委员会按以下原则对投标报价进行修正，修正的价格经投标人书面确认后具有约束力。对于投标辅助资料中的算术错误不予修正。投标人不接受修正价格的，其投标将被否决。

（1）投标文件中的大写金额与小写金额不一致的，以大写金额为准；

（2）总价金额与依据单价计算出的结果不一致的，以单价金额为准修正总价，但单价金额小数点有明显错误的除外。

3.1.6　评标委员会将参考招标人现阶段掌握的投标人不良行为记录进行评审。

3.1.7　经初步评审后合格投标人不足 3 名的，评标委员会应对其是否具有竞争性进行评审，因有效投标不足 3 个使得投标明显缺乏竞争的，评标委员会可以否决全部投标。

3.2　详细评审

3.2.1　进入详细评审的投标人确定规则：见评标办法前附表。

3.2.2　投标报价的处理规则：见评标办法前附表。

3.2.3　评标委员会按本章第 2.2 款和 3.2.1 项规定的量化因素和标准进行价格折算（如有），计算出评标价，并编制价格比较一览表。

3.2.4　评标委员会发现投标人的报价明显低于其他投标人的报价，或者在设有标底时明显低于标底，使得其投标报价可能低于其成本的，应当要求该投标人做出书面说明并提供相应的证明材料。投标人不能合理说明或者不能提供相应证明材料的，由评标委员会认定该投标人以低于成本报价竞标，其投标将被否决。

3.3　投标文件的澄清和补正

3.3.1　在评标过程中，评标委员会可以书面形式要求投标人对所提交的投标文件中不

明确的内容进行书面澄清或说明，或者对细微偏差进行补正。评标委员会不接受投标人主动提出的澄清、说明或补正。

3.3.2 澄清、说明和补正不得改变投标文件的实质性内容（算术性错误修正的除外）。投标人的书面澄清、说明和补正属于投标文件的组成部分。

3.3.3 评标委员会对投标人提交的澄清、说明或补正有疑问的，可以要求投标人进一步澄清、说明或补正。

3.4 评标结果

3.4.1 除第二章“投标人须知”前附表授权直接确定中标人外，评标委员会按照经评审的价格由低到高的顺序推荐______名中标候选人。

3.4.2 评标委员会完成评标后，应当向招标人提交书面评标报告。

3.4.3 中标候选人在信用中国网站（http：//www.creditchina.gov.cn/）被查询存在与本次招标项目相关的严重失信行为，评标委员会认为可能影响其履约能力的，有权取消其中标候选人资格。

第三章　评标办法（最低评标价法）

评标办法前附表

条款号		评审因素	评审标准
2.1.1	形式评审标准	投标人名称	与营业执照、相关证书一致
		投标函签字盖章	有法定代表人或其委托代理人签字或加盖单位章
		投标文件格式	符合第七章“投标文件格式”的要求
		报价唯一	只能有一个有效报价
		……	……
2.1.2	资格评审标准	营业执照	具备有效的营业执照
		生产资质	具备有效的(生产许可证/检验报告……）扫描件或证明材料
		业绩要求	符合第二章“投标人须知”第1.4.1项规定
		信誉要求	符合第二章“投标人须知”第1.4.1项规定
		财务要求	符合第二章“投标人须知”第1.4.1项规定
		其他要求	符合第二章“投标人须知”第1.4.1项规定
		……	……
2.1.3	响应性评审标准	投标内容	符合第二章“投标人须知”第1.3.1项规定
		交货进度	符合第二章“投标人须知”第1.3.2项规定
		投标有效期	符合第二章“投标人须知”第3.3.1项规定
		投标保证金	符合第二章“投标人须知”第3.4.1项规定
		权利义务	符合第四章“合同条款及格式”规定
		投标报价表	符合第五章“投标文件格式”中“文件……”给出的范围及数量
		产品质量	符合第六章“技术规范”的规定
		……	……
条款号		条款内容	编列内容
2.2.1		评分权重构成（100%）	商务部分：60% 技术部分：40%
2.2.2		价格系数计算公式	$K_i=60\times(10\%\times 1/m_{1i}+50\%\times 1/m_{2i}+10\%\times 1/m_{3i}+30\%\times 1/m_{4i})+40\times(30\%\times 1/n_{1i}+50\%\times 1/n_{2i}+20\%\times 1/n_{3i})$ 其中： m_{1i}——第i家投标人投标文件的符合性平均得分；

续表

条款号	评审因素	评审标准
		m_{2i}——第 i 家投标人业绩与信誉平均得分； m_{3i}——第 i 家投标人财务状况平均得分； m_{4i}——第 i 家投标人投标报价的合理性平均得分； n_{1i}——第 i 家投标人技术能力平均得分； n_{2i}——第 i 家投标人质量措施、货物质量平均得分； n_{3i}——第 i 家投标人交货、包装和服务平均得分。
2.2.3	评标价计算公式	$Q_i = Q_{0i} \times K_i$ 其中： Q_i——第 i 家投标人的评标价； Q_{0i}——第 i 家投标人的投标修正价； K_i——第 i 家投标人的价格系数。

条款号		评分因素	评分标准	权重
2.2.4（1）	商务部分评分标准（100%）	投标文件的符合性（m_1）	检查投标文件商务部分在内容与项目上的完整性、响应性及商务偏差。（评分结果分为 A—D 四个档次）	10%
		业绩与信誉（m_2）	通过审查投标人的以往业绩情况，以及用户的证明材料判断投标人是否具有良好的商业信誉。（评分结果分为 A—D 四个档次）	50%
		财务状况（m_3）	评价投标人财务状况，包括近 3 年财务状况。（评分结果分为 A—D 四个档次）	10%
		投标报价的合理性（m_4）	分析对比主要报价的合理性。（评分结果分为 A—D 四个档次）	30%
2.2.4（2）	技术部分评分标准（100%）	技术能力（n_1）	（1）制造厂设计、制造加工能力、检测设施和手段及技术力量； （2）已制造并投入运行的满足招标文件资质条件要求的供货业绩、运行情况和用户评价； （3）制造厂生产设备工艺水平。（评分结果分为 A—D 四个档次）	30%
		质量措施、货物质量（n_2）	（1）质量保证体系和措施、质量异议处理措施； （2）技术偏差； （3）技术性能参数。 （评分结果分为 A—D 四个档次）	50%
		交货、包装和服务（n_3）	（1）交货进度：根据投标人提交的交货进度表审查投标人对交货进度的响应情况；核查投标人是否提交符合招标文件要求的工作进度计划，评价工作进度计划是否合理、可行；现有合同项目对本项目的制造进度的影响； （2）运输方式、中转方案； （3）包装方式； （4）服务方案、服务承诺。（评分结果分为 A—D 四个档次）	20%

续表

条款号		评审因素	评审标准
3.1.1	初步评审	初步评审短名单的确定	按照投标人的报价由低到高排序，当投标人少于10名时，选取排序前5名进入短名单；当投标人为10名及以上时，选取排序前6名进入短名单。若进入短名单的投标人未能通过初步评审，或进入短名单投标人有算术错误，经修正后的报价高于其他未进入短名单的投标人报价，则依序递补。如果数量不足5名时，按照实际数量选取。
3.2.1	详细评审	详细评审短名单的确定	通过初步评审的投标人全部进入详细评审。
3.2.2	详细评审	投标报价的处理规则	（1）对于投标人未做说明的报价修改，招标人将把修改后的报价按比例分摊到投标报价的相关各项目（不含暂估价项目）上，调整后的报价对投标人具有约束力。投标人不接受修正价格的，其投标将被否决。 （2）对于投标人未按招标文件规定进行报价的漏报项目应被视为含在所报价格中，但评标时招标人将把所有进入详细评审的投标人中对该项目的最高报价计入此投标人的此项评标价格。按此款所做的评标价格调整仅用于评标使用。 （3）如投标人某项目单价明显偏低，经评标委员会认定低于成本价时，则以进入详细评审短名单的所有投标人中该项目最高单价替换此单价，重新计算其经评审的投标价。

1　评标方法

本次评标采用最低评标价法。评标委员会对满足招标文件实质要求的投标文件，按照本章第2.2款规定的评分标准进行打分。然后，按照规定的办法折算成价格系数，价格系数乘以各投标人的投标修正价即得到各投标人的评标价，按评标价由低到高推荐________名中标候选人，或根据招标人授权直接确定中标人，但投标报价低于其成本的除外。当评标价相等时，投标报价低的优先；投标报价也相等的，由招标人自行确定。

2　评审标准

2.1　初步评审标准

2.1.1　形式评审标准：见评标办法前附表。

2.1.2　资格评审标准：见评标办法前附表。

2.1.3　响应性评审标准：见评标办法前附表。

2.2　评分权重构成与评分标准

2.2.1　评分权重构成

（1）商务部分：见评标办法前附表；

（2）技术部分：见评标办法前附表。

2.2.2　价格系数计算

价格系数计算方法：见评标办法前附表。

2.2.3　评标价的计算

评标价的计算公式：见评标办法前附表。

2.2.4　评分标准及子项权重

（1）商务部分评分标准：见评标办法前附表；

（2）技术部分评分标准：见评标办法前附表。

3　评标程序

3.1　初步评审

3.1.1　初步评审短名单的确定：见评标办法前附表。

3.1.2　评标委员会可以要求投标人提交第二章“投标人须知”第 3.5.1 项至第 3.5.4 项规定的有关证明和证件的原件，以便核验。评标委员会依据本章第 2.1 款规定的标准对投标文件进行初步评审。有一项不符合评审标准的，评标委员会应当否决其投标。

3.1.3　投标人有以下情形之一的，评标委员会应当否决其投标：

（1）第二章“投标人须知”第 1.4.3 项规定的任何一种情形的；

（2）串通投标或弄虚作假或有其他违法行为的；

（3）不按评标委员会要求澄清、说明或补正的。

3.1.4　技术评议时，存在下列情况之一的，评标委员会应当否决其投标：

（1）投标文件不满足招标文件技术规格中加注星号（“*”）的主要参数要求或加注星号（“*”）的主要参数无技术资料支持；

（2）投标文件技术规格中一般参数超出允许偏离的最大范围；

（3）投标文件技术规格中的响应与事实不符或虚假投标；

（4）投标文件中存在的按照招标文件中有关规定构成否决投标的其他技术偏差情况。

3.1.5　投标报价有算术错误的，评标委员会按以下原则对投标报价进行修正，修正的价格经投标人书面确认后具有约束力。对于投标辅助资料中的算术错误不予修正。投标人不接受修正价格的，其投标将被否决。

（1）投标文件中的大写金额与小写金额不一致的，以大写金额为准；

（2）总价金额与依据单价计算出的结果不一致的，以单价金额为准修正总价，但单价金额小数点有明显错误的除外。

3.1.6　评标委员会将参考招标人现阶段掌握的投标人不良行为记录进行评审。

3.1.7　经初步评审后合格投标人不足3名的，评标委员会应对其是否具有竞争性进行评审，因有效投标不足3个使得投标明显缺乏竞争的，评标委员会可以否决全部投标。

3.2　详细评审

3.2.1　进入详细评审的投标人确定：见评标办法前附表。

3.2.2　投标报价的处理规则：见评标办法前附表。

3.2.3　评分按照如下规则进行。

（1）评分由评标委员会以记名方式进行，参加评分的评标委员会成员应单独打分。凡未记名、涂改后无相应签名的评分票均作为废票处理。

（2）评分因素按照A—D四个档次评分的，A档对应的分数为100—90（含90），B档90—80（含80），C档80—70（含70），D档70—60（含60）。评标委员会讨论各个进入详细评审阶段的投标人在各个评审因素上的档次，评标委员会成员宜在讨论后决定的评分档次范围内打分，如评标委员会成员对评分结果有不同看法，也可超档次范围打分，但应在意见表中陈述理由。

（3）评标委员会成员打分汇总方法，参与打分的专家超过5名（含5名）以上时，汇总时去掉单项评价因素的最高分和最低分，以剩余样本的算术平均值作为投标人的得分。

（4）评分分值的中间计算过程保留小数点后三位，小数点后第四位“四舍五入”；评分分值计算结果保留小数点后两位，小数点后第三位“四舍五入”。

3.2.4　评标委员会按本章第2.2.4款规定的量化因素和分值进行打分，然后按照2.2.2款公式计算价格系数，再按照2.2.3款公式计算出评标价。

3.2.5　评标委员会发现投标人的报价明显低于其他投标报价，或者在设有标底时明显低于标底，使得其投标报价可能低于其成本的，应当要求该投标人做出书面说明并提供相应的证明材料。投标人不能合理说明或者不能提供相应证明材料的，由评标委员会认定该投标人以低于成本报价竞标，否决其投标。

3.3　投标文件的澄清和补正

3.3.1　在评标过程中，评标委员会可以书面形式要求投标人对所提交的投标文件中不明确的内容进行书面澄清或说明，或者对细微偏差进行补正。评标委员会不接受投标人主动提出的澄清、说明或补正。

3.3.2　澄清、说明和补正不得改变投标文件的实质性内容。投标人的书面澄清、说明和补正属于投标文件的组成部分。

3.3.3　评标委员会对投标人提交的澄清、说明或补正有疑问的，可以要求投标人进一步澄清、说明或补正。

3.4　评标结果

3.4.1　除第二章“投标人须知”前附表授权直接确定中标人外，评标委员会按照评标价由低到高的顺序推荐______ 名中标候选人。

3.4.2　评标委员会完成评标后，应当向招标人提交书面评标报告。

3.4.3　中标候选人在信用中国网站（http：//www.creditchina.gov.cn/）被查询存在与本次招标项目相关的严重失信行为，评标委员会认为可能影响其履约能力的，有权取消其中标候选人资格。

第四章　合同条款及格式

一、合同协议书

合同名称：

合同编号：

为保证________________建设的需要，本合同协议书由__________（以下简称“买方”）与__________（以下简称“卖方”）本着平等互利、协商一致的原则于______年____月____日签署，以共同遵守执行。

本协议中所用术语的含义与下述合同条款中相应术语的含义相同。

1　合同货物、数量和价格

1.1　货物数量

卖方承担__________（______年）工程建设用普通硅酸盐水泥（或抗硫酸盐水泥），计划采购量__________吨（袋装______%，散装______%）；散装中热硅酸盐水泥（或低热硅酸盐水泥），计划采购量______吨，实际采购量以第三条规定供应时段内该项目实际用量为准。

1.2　合同价格

1.2.1　水泥的交货单价由出厂单价加运杂费组成。

运杂费指从水泥装车开始，一直到买方__________工地指定交货地点全过程中的装车、运输、损耗、包装费、短倒（含投标人厂区内和至__________工地指定交货地点或拌和系统的短倒）、过桥、过路、过渡、储存、返空及各种规费、保险费以及货物到达买方工地指定地点或拌和系统的所有其他费用。

1.2.2　普通硅酸盐水泥（或抗硫酸盐水泥）在合同有效期内交货单价不变。中热硅酸盐水泥（或低热硅酸盐水泥）每半年调整一次价差，价差调整按照合同第十四条执行。

1.2.3　合同价格同时须包含合同货物本身已支付或将支付的所有税费、招标代理服务费及投标人为驻厂监造提供工作及生活的条件所需费用（普通硅酸盐水泥不需要包含驻厂监造费用）。

1.2.4　水泥交货单价：

序号	名称	钢材规格		运输方式	出厂单价①	运杂费②	交货单价（含税）③=①+②	交货单价（不含税）	增值税	增值税税率
		直径	定尺（米）							
1										
2										
3										

注：交货单价为买方__________工地指定地点或拌和系统车板交货价，交付前的一切风险由卖方承担。

2　合同文件的组成部分

2.1　合同协议书；

2.2　中标通知书；

2.3　投标函；

2.4　合同条款；

2.5　技术规范；

2.6　经评审确认的具有标价的报价清单；

2.7　招标文件及补遗文件、经买方认可的投标文件及相关附件（含评标过程中澄清答疑文件）；

2.8　其他合同文件。

合同履行中，经双方确认的有关水泥采购的洽商、变更等书面协议或文件视为本合同的组成部分。上述文件是互为补充和解释的，但如有模棱两可或互相矛盾处，以上面所列顺序在前的为准，同顺序的以文件形成时间在后的为准。

3　鉴于买方将按下条规定付款给卖方，卖方在此立约承担合同规定的卖方的全部义务和责任，保证：

（1）全面按合同规定完成本合同设备材料的供货和服务；

（2）确保货物及服务满足合同要求。

4　作为对本合同项目供货和服务的报酬，买方在此立约，保证按合同规定向卖方支付合同价款，承担合同规定的买方的全部义务和责任。

5　本合同经双方法定代表人或其委托代理人签字、加盖单位章，并且卖方在规定的时间内提供了合格的履约担保后即开始生效，至本合同全部义务履行完成后终止。

6　本合同未尽事宜，双方协商解决或签订补充文件，补充文件与本合同条款具有同等效力。

7　本合同正本二份，双方各执一份，合同副本十份，买方执八份，卖方执二份。

买　　方：＿＿＿＿＿＿＿＿＿＿
法定代表人或
其委托代理人：＿＿＿＿＿＿＿＿
地　　址：＿＿＿＿＿＿＿＿＿＿
邮　　编：＿＿＿＿＿＿＿＿＿＿
电　　话：＿＿＿＿＿＿＿＿＿＿
传　　真：＿＿＿＿＿＿＿＿＿＿

卖　　方：＿＿＿＿＿＿＿＿＿＿
法定代表人或
其委托代理人：＿＿＿＿＿＿＿＿
地　　址：＿＿＿＿＿＿＿＿＿＿
邮　　编：＿＿＿＿＿＿＿＿＿＿
电　　话：＿＿＿＿＿＿＿＿＿＿
传　　真：＿＿＿＿＿＿＿＿＿＿

二、合同条款

第一条　定义

下列术语在合同中使用时具有如下含义：

1.1　合同：指中标人（卖方）与买方按照本合同条款签订的供货协议。

1.2　合同价格：指根据合同要求，在卖方全面正确地履行合同义务时，买方按照本合同条款应支付给卖方的款项的交货单价。

1.3　货物：指卖方按合同要求须向买方提供的所有水泥、材质证明书及技术文件。

1.4　服务：指合同规定卖方必须承担的检验、异议处理、技术协助及其他类似的义务。

1.5　买方：指＿＿＿＿＿＿＿＿。

1.6　卖方：指投标已为招标人接受生产并提供合同货物的法人单位，在投标阶段为投标人。

1.7　工地仓库：指＿＿＿＿＿＿工地施工单位拌和系统（散装水泥）或工区内其他指定仓库（袋装水泥）。

1.8　验收：指买方根据合同接受货物应依据的程序和条件。

1.9　业主：指作为＿＿＿＿＿工程业主的＿＿＿＿＿＿＿＿。

1.10　供货单位：指＿＿＿＿＿工程业主通过招标选定的供货商。

1.11　监理单位：指＿＿＿＿＿工程业主通过招标选定的工程施工和物资供应监理单位。

1.12　驻厂监造：指＿＿＿＿＿工程业主招标选定的确保水泥质量的驻厂监造单位。

1.13　买方代理：指受买方委托负责本采购合同具体执行的单位，本合同中特指＿＿＿＿＿。

1.14　合同结算：指买方对卖方的直接结算。

1.15　合同中除特别注明外，所述天数均为日历日。

第二条　供货范围

2.1　合同规定的货物：________（______ 年）工程建设用普通硅酸盐水泥（或中热硅酸盐水泥或低热硅酸盐水泥或抗硫酸盐水泥）。

2.2　合同规定应提供的服务。

第三条　交货期

3.1　供货时间为合同生效日至______ 年____ 月____ 日分批交货，应按照买方下达的月度材料供应计划供货。买方根据需要有权顺延本合同的合同期（最长顺延__6__个月）。在合同顺延期期间，本合同的价格和所有条款继续对双方有约束力。

3.2　卖方按照买方提供的月度需用计划、调整计划、应急调峰计划需用量的要求，按规定的交货时间、地点供应，卖方保证在 ______ 天内交货，不得影响工程施工。如卖方延迟交货，需得到买方同意。

3.3　买方根据__________工程施工要求，在每月 27 日前（遇公休日顺延）向卖方提供下月需用计划，月调整计划于下月 10 号前提出，应急调峰计划交货前 3 天前提出，卖方据此供货。

3.4　卖方必须及时向买方或买方代理报送水泥供应日报、周报和月报。

第四条　包装标准、包装物的供应与回收

卖方向买方交货时，包装用袋、包装标志应符合国家标准，包装物的回收按照国家和____________工程的相关规定执行。

第五条　仓储及运输

5.1　卖方自行组织水泥的中转、仓储和运输，卖方应具备完成本合同所需的中转及仓储手段。

5.2　按买卖双方协商决定的方式运输，卖方自行负责组织承运。

5.3　卖方必须保证买方分月及应急计划需用量，并考虑必要的调峰能力，确保__________工程的施工需要。

5.4　卖方在运输时，必须遵纪守法，服从交通管理部门的管理，运输到_________工区，必须服从工区的统一管理、指挥和调度。

第六条　交货通知

6.1　卖方在货物全部装运完毕 24 小时内，立即将合同号、货名、数量、毛重、体积、车名及车号、发运日期等书面告知买方和买方代理，以便组织接货。因卖方未及时通知买方和买方代理而造成的损失由卖方承担。

6.2　未经买方事先书面同意，卖方装运的货物不得超过交货通知规定的数量，否则卖方应承担由此产生的一切费用及法律责任。

第七条　交货与售后服务

7.1　水泥的交货单位和接货单位

7.1.1　水泥的交货单位是卖方。

7.1.2　水泥的接货单位是买方指定的单位，具体单位名称届时由买方以书面形式或月计划通知卖方。

7.2　交货地点：卖方供应到__________工地的水泥必须按照买方的要求直供至工地指定地点或拌和系统。

7.3　卖方在__________工地的业务人员的办公和生活费用由卖方自理。

7.4　交货方法：卖方按买方的有效调拨单或按有效送货通知单送达__________工地买方指定地点。交货时，双方指定的交接单位需办理交接手续，由买方指定的收货单位填制交接记录表一式五份，双方责任人签字（签字人必须相互报名备案并报买方一份，否则其签字将视为无效）。交接记录一式四份，当场分送卖方一份，买方三份（收货单位两份，业主一份），结算前卖方和收货单位各转买方一份审核，并依据审核无误的单据办理货物验收和货款的结算。

7.5　本合同经双方签字以后，卖方在买方提出第一次需用计划前必须在________工地设立办事机构，以便及时进行货物交接和解决各种争议，机构和服务人员名单报买方备案。卖方驻__________工地办事处应保证每天 24 小时有人员留守，主要通信设施（如手机、传真机等）应 24 小时处于开机状态。卖方必须每天按时向买方通报库存、装运及货物在途情况。卖方驻__________工地办事处必须配置专用交通工具，以便于协调解决水泥供应事宜。

7.6　卖方应向买方提供货物的出厂质量证明书和其他必要的技术资料。

第八条　计量单位和计量方法

8.1　水泥的计量单位为（净重）吨。

8.2　水泥交货地点的计量器具应经技术监督部门审验合格。

8.3　计量方法：

为保证计量工作的准确、公平、及时进行，由买方指定计量监理，负责拌和系统现场卸料计量监理、协调解决计量争议，签认货物数量。一经监理签订和确认，双方应无条件接受。

散装水泥计量办法：

计费重量（净重）＝重车重量－空车重量。

袋装水泥计量办法：

点袋计数，确定重量。

水泥交货地点的计量器具应经技术监督部门审验合格。

8.4　支付计量：根据本合同规定的交货地点计量器计量与验收合格的数量进行计量。现场计量数量由监理单位进行计量监督确认。

第九条　验收

9.1　数量

卖方交货责任人与买方指定的收货单位责任人在＿＿＿＿＿工地现场或买方指定＿＿＿＿＿其他地点当场验货，办理货物交接，以双方共同确认的数量为准。买方在交货地点有权随时进行抽检卖方交货产品的质量，如发现品质不符合本合同规定，买方有权拒收、拒付合同价款，并追究卖方由此造成买方的经济损失。

9.2　验收取样

卖方必须配合买方委托的质检部门的取样工作，在买方委托的质检部门抽取样品后，卖方需在取样单上签字确认，并自行保留一份封样以便校核，若卖方驻现场人员不到场视同认可该结果。

9.3　验收标准

按第十条中的质量标准进行验收。买方在交货地点有权随时进行抽检卖方交货产品的质量，如发现品质不符合本合同规定，买方有权拒收、拒付合同价款，并追究卖方由此造成买方的经济损失。

第十条　质量

10.1　卖方必须按照《中华人民共和国产品质量法》和《水泥企业质量管理规程》（或中国长江三峡集团有限公司企业标准《拱坝混凝土用低热硅酸盐水泥技术要求及检验》Q/CTG13—2015或中国长江三峡集团有限公司企业标准《拱坝混凝土用中热硅酸盐水泥技术要求及检验》Q/CTG14—2015）的规定提供合格普通硅酸盐水泥（或中热硅酸盐水泥或低热硅酸盐水泥或抗硫酸盐水泥）。

10.2　卖方向买方交货时在7天内提交该批水泥除28天强度以外各项试验结果的质量检测报告，28天强度应在水泥出厂日起32天内补报。出具质量检测报告的单位（或部门）必须取得资格认证。

10.3　买方或买方代理（以下统称买方）有权随时对卖方的质量保证体系进行检查，并可以随时对生产过程中的产品进行质量抽样，按照《水泥企业质量管理规程》规定的抽样标准、抽样方法和比例进行质量检验。买方或买方委托的质检单位必须是取得技术监督部门资格认可的省级及以上水泥质量监督检验机构。水泥抽检取样过程中必须有厂家代表到场签字认可（若接到通知后，厂家代表不到场视同认可所取样品），并封存一个水泥样品以备水泥质量仲裁使用。

10.4　卖方须依据＿＿＿＿工程建设用普通硅酸盐水泥（或中热硅酸盐水泥或低热硅酸盐水泥或抗硫酸盐水泥）技术要求制订详尽的生产工艺和质量保证方案，并报买方进行技术交流与审核。经买卖双方技术交流审核后的生产工艺和质量保证方案，作为卖方生产________工程建设专用水泥依据（但不限制卖方进行持续改进）之一。卖方在后续生产普通硅酸盐水泥（或中热硅酸盐水泥或低热硅酸盐水泥或抗硫酸盐水泥）生产工艺和质量保证方案的改变要及时报送买方。

第十一条　知识产权

卖方须保障买方使用其产品、服务及其任何部分而不受第三方关于侵犯专利权、商标权和设计权等知识产权的指控。任何第三方如果提出侵权指控，卖方须与第三方交涉并承担可能发生的一切费用和法律责任。买方承诺对卖方产品技术保密。

第十二条　对水泥质量争议的处理方法

12.1　买方或买方指定的收货单位、监理、试验中心在验收或抽检中，如果发现水泥的质量、等级不符合规定，买方应在检验发现问题后十天内向卖方提出书面异议，送达卖方驻____________工地代表。在货款结算期内，买方有权拒付不符合规定部分的货款。

12.2　如果买方或买方指定的收货单位、监理单位、试验中心未按照规定期限提出书面异议的，视为所交水泥符合合同规定。

12.3　卖方在接到买方或买方指定的收货单位、监理单位、试验中心的书面异议后，应在三天内（从卖方现场交货责任人接到书面异议之时算起）给予回复并采取相应措施，否则，即视默认买方提出的异议和处理意见。

12.4　产品有任何质量问题，买方口头或书面通知卖方后，卖方应在接到通知后的12小时内做出快速反应，与相关人员联系，协调解决质量争议。

12.5　买方或买方委托的质检单位、买方指定的收货单位、监理单位、试验中心，对某批产品质量提出异议，卖方仍坚持产品质量合格时，且双方均认可国家水泥质量监督检验中心为最终的质量仲裁机构，应将该批产品或该批产品的封存样品送至该处检测，费用由责任方承担。经确认产品质量不合格的将暂停供货直至终止本合同，由此引发的一切经济损失由卖方承担。

12.6　卖方所交水泥的质量指标不符合买方要求，买方将停止使用这部分水泥，卖方自行处理并承担由此发生的全部费用。

12.7　如果卖方交货质量、等级不符合规定，买方在代为保管期内实际支付的保管费等以及非买方保管不善而发生的损失，由卖方承担。

12.8　为确保本工程所用水泥质量的稳定性和均匀性，买方将委托相关单位驻厂监理，以确保出厂水泥符合工程质量要求。卖方需须配合此项工作，并为驻厂监理人员提供必要的工作及生活条件（普通硅酸盐水泥不包含此要求）。

第十三条　价款的结算

13.1　结算货币：买方以人民币支付给卖方价款。

13.2　结算时间：按月结算价款（结算月划分：年初元月 1 日至 25 日，年中每月 26 日至下月 25 日，年末 11 月 26 日至 12 月 31 日）；结算时间为次月 3 日至 20 日（节假日及公休日顺延）。

13.3　价款金额的计算

价款金额＝交货合同价格×验收数量

（价格按本合同规定执行，数量以前款确认数量为准）

13.4　结算付款条件

13.4.1　卖方在结算前，与买方代理及接货单位共同办理三方对账，买方代理开具水泥“材料验收单”。

13.4.2　卖方凭合同、质量证明书（原件）、“材料验收单”、增值税专用发票和运输增值税专用发票到买方代理并由其代办结算业务，凭以上单据及经批准的支付申请单到买方财务部门结算价款。

13.4.3　如果卖方提供了不合格的产品且不及时处理或处理结果不符合买方要求的，买方有权扣留该批货物全部或部分价款作为补偿。

13.5　价款结算

按第九条方式经买卖双方签字认可的交接记录表的本结算期累计供应数量，和施工单位确认的与此相应的“材料调拨单”为结算依据，由卖方按此数量提供全额的经买方确认的价款发票，办理价款结算。

13.6　支付方式

在验收、结算手续齐备后，买方按合格的支付计量和合同单价并审核卖方无误的发票金额，通过银行支付给卖方。

13.7　卖方结算账户

卖方收款账户名称：

卖方开户银行：

卖方账号：

13.8　纳税人信息：

单位名称：____________________；

纳税人识别号：________________；

地址：________________________；

电话：________________________；

开户行名称：__________________；

账户：________________________。

13.9 卖方应按照结算款项金额向甲方提供符合税务规定的增值税专用发票，买房在收到卖方提供的合格增值税专用发票后支付款项。

卖方应确保增值税专用发票真实、规范、合法，如卖方虚开或提供不合格的增值税专用发票，造成买方经济损失的，卖方承担全部赔偿责任，并重新向买方开具符合规定的增值税专用发票。

合同变更如涉及增值税专用发票记载项目发生变化的，应当约定作废、重开、补开、红字开具增值税专用发票。如果收票方取得增值税专用发票尚未认证抵扣，收票方应在开票之日起180天内退回原发票，则可以由开票方作废原发票，重新开具增值税专用发票；如果原增值税专用发票已经认证抵扣，则由开票方就合同增加的金额补开增值税专用发票，就减少的金额依据收票方提供的红字发票信息表开具红字增值税专用发票。

第十四条 价差调整

14.1 本条仅适用中热硅酸盐水泥（或低热硅酸盐水泥）。普通硅酸盐水泥（或抗硫酸盐水泥）在合同履行期内不进行价差调整。

14.2 在合同实施中，以合同投标截止日当月国家发改委价格监测中心发布的价格（代表品种普通硅酸盐42.5水泥）为基准价格，当期（半年）价格监测中心发布价格的算术平均值相对于基准价格波动在±5%内（含±5%）时价差不调整，超过±5%以上时，从__________年下半年开始办理价差结算（______年上半年发生量不予调整），以后每半年办理一次价差结算。

14.3 水泥价格的采集

（1）采集代表品种

普通硅酸盐42.5水泥

（2）采集地区

按工程所在地__________省、__________省各占50%

（3）价格依据

国家发展和改革委员会价格监测中心在“中国市场价格行情”发布的价格（以下简称“价格监测中心”）。

14.4 价差计算公式

当价格上涨时，且$K>1.05$，$C=Q\times(K-1.05)$

当价格下跌时，且$K<0.95$，$C=Q\times(K-0.95)$

式中：C——价差调整期价差；

Q——价差调整期按出厂价和供应量计算的合同额；

K——调价期（半年）水泥（代表品种普通硅酸盐 42.5 水泥）价格指数；

K＝当期（半年）价格监测中心发布价格的算术平均值（代表品种普通硅酸盐 42.5 水泥）/合同投标截止日当月价格监测中心发布的价格（代表品种普通硅酸盐 42.5 水泥）

备注：计算结果四舍五入取小数点后两位，价差单位为人民币元。

14.5　水泥价差的结算

中介机构（__________）按上述规定在国家发改委价格监测中心发布全国水泥市场行情后的十个工作日之内，完成价差调整当期价格指数测算报告并送买方，买方根据中国长江三峡集团有限公司《工程建设价差管理办法（试行）》的规定向卖方办理价差结算。

14.6　运杂费调差（可选择项目）

在合同期内买方仅在 0# 柴油价格市场波动超过±10％时，对合同价格中的运杂费进行调差（0# 柴油价格市场波动±10％以内，合同价格不进行调整），其他因素引起的交货单价变化的风险应包括在合同价格中，合同执行期间不予调整。运杂费调差每半年进行一次，调差计算方法如下：

A＝B×35％×［（C－D）/D±10％］×E

0# 柴油费用在运杂费中的占比为 35％；

±10％：0# 柴油价格上涨时为－10％，下降时为＋10％。

A：运杂费调差额（单位：元）；

B：合同约定的运杂费单价（单位：元/吨）；

C：调差当期________省发改委发布的____________市场 0# 柴油零售价格（单位：元/升）；

D：开标当日________ 省发改委发布的__________市场 0# 柴油零售价格（______年____月____日______市场 0# 柴油零售价格为：____元/升）；

E：调差当期的合同验收量（单位：吨）。

第十五条　单据

15.1　卖方向买方提供与到货数量相符的全额增值税专用发票，其中运输增值税专用发票可以原票照转，但发票抬头必须与 13.8 条增值税发票抬头一致，并注明合同号，数量与买方仓库验收数量必须一致，其他厂内及铁路装卸服务等杂费发票，买方均不接受。

15.2　分车发运时每车货物应有发运码单和质量证明书各一份，质量证明书、码单在货物到货验收时交买方验收人，并在货款结算时交买方或买方代理一份质量证明书原件或加盖卖方合同章的复印件。

第十六条　保险

卖方承担交货前的一切责任与费用，货物交验前一切保险由卖方负责，其费用已包含在合同价内。

第十七条　税金

卖方承担纳税义务，税种和税额依法办理，所有应纳税金已含在合同价内。

第十八条　索赔

18.1　在货物验收和使用过程中，如发现质量缺陷，在质量缺陷确认后买方有权向卖方提出索赔，卖方应根据买方的索赔要求，对货物进行完全或者部分替换。若卖方收到索赔通知后 15 个日历日内不答复，应视为卖方同意买方提出的一切索赔。

18.2　双方的任何索赔要求，应在事件发生的 10 天内书面通知对方。按本合同规定应该偿付的违约金、赔偿金、保管费和各种经济损失，应当在明确责任后 30 天内结算完毕，否则，应按逾期付款加倍处罚。

第十九条　违约责任

19.1　买方的违约责任

19.1.1　买方未能按合同规定结算货款，买方每天按未结算货款的2‰向卖方支付违约金。若因卖方对账和发票送达滞后等原因，买方不承担违约责任。

19.1.2　以月度计划和变更计划为参考，以日通知发货为准，买方中途退货的，按退货部分货款总值的10％向卖方偿付违约金。

19.1.3　违约金在发生违约后的第一次结算时支付。

19.2　卖方的违约责任

19.2.1　卖方不能按期按买方的需用计划（含调整计划、应急调峰计划）交货（浮动范围按月需用数量的±15％控制），应承担违约责任，卖方应向买方偿付未交货部分货款总值10％的违约金。

19.2.2　卖方逾期交货的，应在送货前与买方协商，买方仍需要的（可能调整下月需用计划），卖方应照数补送，并承担 19.2.1 款的违约责任；买方不需要的，应当在接到卖方通知后三天内通知卖方，逾期不答复的，视为同意送货。卖方在买方要求的供应时段内，不能按计划保证供应的，买方即可终止合同。

19.2.3　卖方将水泥送错交货地点或收货人的，卖方除负责运至规定的交货地点或收货人外，还应承担买方因此发生的一切实际损失费用和按逾期交货部分货物总值的10％向买方支付违约金。

19.2.4　卖方未随车附带产品合格证和质量检验报告，致使买方或买方代理无法卸车，由此所造成的运输罚款、压车等费用由卖方承担。

19.2.5　卖方所供水泥出现质量波动时，买方有权对其提出警告直至暂停供货。

19.2.6　若发生其他与本合同相违背的行为，承担相应的违约责任。

19.2.7　当卖方违约不能按合同要求供货时，或产品工艺质量不稳定时，或产品不合格时，其合同项下的相应供货份额将由买方调整给其他供应商，卖方还应承担为此而导致的买方一切经济损失。

19.2.8　卖方供应普通硅酸盐水泥（或散装中热硅酸盐水泥，或散装低热硅酸盐水泥，或抗硫酸盐水泥）出现质量问题时，买方有权暂停其供应，若卖方在合同期内因质量问题连续两次被暂停供应，取消其自第二次暂停供应日起两年内参与中国长江三峡集团有限公司开发建设项目的水泥投标资格。

19.2.9　卖方因质量问题而暂停供应的期限原则上为三个月，停供期内卖方在进行普通硅酸盐水泥（或散装中热硅酸盐水泥，或散装低热硅酸盐水泥，或抗硫酸盐水泥）相关质量整改后可申请恢复供应，买方在接到申请后组织对卖方普通硅酸盐水泥（或散装中热硅酸盐水泥，或散装低热硅酸盐水泥，或抗硫酸盐水泥）生产质量进行考核，考核合格后方可恢复卖方普通硅酸盐水泥（或散装中热硅酸盐水泥，或散装低热硅酸盐水泥，或抗硫酸盐水泥）供应。

19.2.10　卖方的违约金将从发生违约后的第一次价款结算中扣回，如果违约后的第一次结算及之后的合同结算额不足以抵扣违约金，或合同结算已经完成，则从质量及供货保证金中扣回。

19.2.11　对于卖方未能按照合同规定全面履约的失信行为，买方将按照《中国长江三峡集团有限公司供应商信用评价管理办法（试行）》中的相关规定（查阅网址：epp.ctg.com.cn）进行处理。

第二十条　合同变更与终止

20.1　如果因卖方违反本合同规定，以致卖方继续执行合同将给买方造成损失时，买方有权下达书面“变更合同指令”。对此，卖方不得拒绝，由此引起的费用增加和交货延期由卖方承担责任。

20.2　买方在任何时候都可在合同总体范围内向卖方对如下几点发出书面变更指示：

A. 运输方式或包装；

B. 交货时间；

C. 交货地点；

D. 技术变更；

E. 交货数量。

20.3　若20.2款的任何变更导致履行合同项下任何部分义务所需时间和费用的增减，应对交货时间和费用进行合理调整；卖方必须在接到买方的变更指示后14天内根据本款提出调整要求。

20.4　卖方为补救违约而采取的任何其他措施仍然使得买方无法避免损害的情况下，买方可向卖方发出书面违约通知书，终止全部或部分合同。

20.4.1　如果卖方未能在合同规定的期限内或买方同意的任何期限内交付部分或全部货物，买方可终止部分或全部合同，买方可以按其认为适当的条件和方式采购类似未交部分的货物。卖方应承担买方类似货物的额外费用，但是，卖方应继续履行合同中未终止的部分。

20.4.2　卖方未能履行合同项下的任何其他义务，在上述任何一种情况下，卖方收到买方发出的违约通知书后3天（或买方确认的更长时间）后仍未纠正其过失。

20.5　当买方或卖方一方破产或因国家政策性变更而无法继续履行合同义务时，应及时以书面形式通知对方，提出终止合同。该终止合同应以不损害对方利益为条件。

20.6　由于出现第二十二条款规定的情况，经双方协商达成的协议，作为合同补充文件。

第二十一条　转让与分包

21.1　除买方事先书面同意外，卖方不得部分转让或全部转让其应履行的合同项下的义务。

21.2　买方同意的分包合同并不解除卖方承担本合同项下任何责任或义务。

第二十二条　不可抗力

22.1　不可抗力是指买、卖双方在缔结合同时所不能预见的，并且它的发生及其后果是无法避免和无法克服的自然灾害和战争等。

22.2　买卖双方的任何一方由于不可抗力的原因，不能履行合同时，应及时向对方通报不能履行或不能完全履行合同的理由，在取得有关主管机关证明后，允许延期履行、部分履行或者不履行合同，并根据情况可部分或全部免予因此而承担的违约责任。

第二十三条　履约担保

本合同签订后的十个工作日内，卖方需按招标文件规定的格式向买方提供人民币________万（大写：__________万元）金额的履约保函或履约担保。

第二十四条　防止贿赂

供应商应严格遵守双方签署的廉政合同，维护____________建筑市场的正常秩序。本合同有效期内，禁止卖方利用各种形式向买方行贿，一经发现并证实，除按国家有关规定对当事人进行处罚外，买方有权中止本合同；同时禁止买方利用各种形式向卖方索贿，一经发现并证实，除按国家有关规定对当事人进行处罚外，卖方有权向买方索赔由此造成的经济损失。

第二十五条　合同争端及解决

25.1　为合同目的，在履行合同规定的全部义务期间，买卖双方均应本着实事求是、平等互利、诚实信用、协商一致的原则，公正、合理地解决合同实施过程中出现的任何合同争端。

25.2　除合同在争端提交解决期间已被中止外，任何情况下卖方都应尽一切努力继续实施并完成本合同规定的供货任务，买方也应根据合同实施并完成的供货质量和数量，支付相应的货款和费用。

25.3　协商

合同双方在履行合同中发生争议的，友好协商解决。协商不成的，诉讼解决。

第二十六条　其他

26.1　买方委托________代理本合同的具体实施工作，卖方需配合执行。

26.2　为保证________普通硅酸盐水泥（或中热硅酸盐水泥，或低热硅酸盐水泥，或抗硫酸盐水泥）供应，卖方必须严格遵守__________工程水泥供应物流管理及相关规定。

合同附件一

合同采购清单交货进度和批次

1. 交货说明

合同采购清单交付至买方指定的地点时间应不迟于交货批次清单表中规定的时间。为了使交货便于工地的储存保管，除非经过买方批准，所有交货不得比规定交货日期提前 30 天。

2. 交货批次及时间

序号	合同采购清单	型号及规格	单位	数量	交货时间
一	第一批				
二	第二批				
……	……				

合同附件二

廉洁协议

甲方（发包人）：____________________

乙方（承包人）：____________________

为了防范和控制____________________合同（合同编号：__________________）商订及履行过程中的廉洁风险，维护正常的市场秩序和双方的合法权益，根据反腐倡廉相关规定，经双方商议，特签订本协议。

一、甲乙双方责任

1. 严格遵守国家的法律法规和廉洁从业有关规定。

2. 坚持公开、公正、诚信、透明的原则（国家秘密、商业秘密和合同文件另有规定的除外），不得损害国家、集体和双方的正当利益。

3. 定期开展党风廉政宣传教育活动，提高从业人员的廉洁意识。

4. 规范招标及采购管理，加强廉洁风险防范。

5. 开展多种形式的监督检查。

6. 发生涉及本项目的不廉洁问题，及时按规定向双方纪检监察部门或司法机关举报或通报，并积极配合查处。

二、甲方人员义务

1. 不得索取或接受乙方提供的利益和方便。

（1）不得索取或接受乙方的礼品、礼金、有价证券、支付凭证和商业预付卡等（以下简称“礼品礼金”）；

（2）不得参加乙方安排的宴请和娱乐活动；不得接受乙方提供的通信工具、交通工具及其他服务；

（3）不得在个人住房装修、婚丧嫁娶、配偶、子女和其他亲属就业、旅游等事宜中索取或接受乙方提供的利益和便利；不得在乙方报销任何应由甲方负担或支付的费用。

2. 不得利用职权从事各种有偿中介活动，不得营私舞弊。

3. 甲方人员的配偶、子女、近亲属不得从事与甲方项目有关的物资供应、工程分包、劳务等经济活动。

4. 不得违反规定向乙方推荐分包商或供应商。

5. 不得有其他不廉洁行为。

三、乙方人员义务

1. 不得以任何形式向甲方及相关人员输送利益和方便。

（1）不得向甲方及相关人员行贿或馈赠礼品礼金；

（2）不得向甲方及相关人员提供宴请和娱乐活动；不得为其购置或提供通信工具、

交通工具及其他服务；

（3）不得为甲方及相关人员在住房装修、婚丧嫁娶、配偶、子女和其他亲属就业、旅游等事宜中提供利益和便利；不得以任何名义报销应由甲方及相关人员负担或支付的费用。

2. 不得有其他不廉洁行为。

3. 积极支持配合甲方调查问题，不得隐瞒、袒护甲方及相关人员的不廉洁问题。

四、责任追究

1. 按照国家、上级机关和甲乙双方的有关制度和规定，以甲方为主、乙方配合，追究涉及本项目的不廉洁问题。

2. 建立廉洁违约罚金制度。廉洁违约罚金的额度为合同总额的1%（不超过50万元）。如违反本协议，根据情节、损失和后果按以下规定在合同支付款中进行扣减。

（1）造成直接损失或不良后果，情节较轻的，扣除10%—40%廉洁违约罚金；

（2）情节较重的，扣除50%廉洁违约罚金；

（3）情节严重的，扣除100%廉洁违约罚金。

3. 廉洁违约罚金的扣减：由合同管理单位根据纪检监察部门的处罚意见，与合同进度款的结算同步进行。

4. 对积极配合甲方调查，并确有立功表现或从轻、减轻违纪违规情节的，可根据相关规定履行审批手续后酌情减免处罚。

5. 上述处罚的同时，甲方可按照中国长江三峡集团有限公司有关规定另行给予乙方暂停合同履行、降低信用评级、禁止参加甲方其他项目等处理。

6. 甲方违反本协议，影响乙方履行合同并造成损失的，甲方应承担赔偿责任。

五、监督执行

1. 本协议作为项目合同的附件，由甲乙双方纪检监察部门联合监督执行。

2. 甲方举报电话：______________；乙方举报电话：________________。

六、其他

1. 因执行本协议所发生的有关争议，适用主合同争议解决条款。

2. 本协议作为________________合同的附件，一式肆份，双方各执贰份。

3. 双方法定代表人或其委托代理人在此签字并加盖单位章，签字并盖章之日起本协议生效。

甲方：（盖章）　　　　　　　　　　乙方：（盖章）

法定代表人（或委托代理人）：　　　法定代表人（或委托代理人）：

合同附件三

履约保函

致：______

鉴于______________（卖方名称）（以下简称“卖方”）根据______年____月____日签订的____________号合同（以下称为“合同”），向买方提供____________采购和相关服务。

根据贵方在合同中规定卖方应向贵方提交由一家信誉良好的银行出具的在合同中规定金额的无条件不可撤销的银行保函作为卖方履行合同义务的保证金。我行同意为卖方出具此保函：

我行特此承诺，我行作为保证人并以卖方的名义向贵方出具总额为__________万元人民币的保函。我行在收到贵方第一次书面宣布卖方违反了合同规定后，就不争辩地、无条件地向贵方支付保函限额之内的一笔或数笔款项，而贵方无须证明或说明要求的原因和/或理由。

本保函的有效期为自合同生效至合同终止后一个月内一直有效，最迟不晚于______________。

银行名称______________________

银行许可证号____________________

授权人签字______________________

印刷体姓名______________________

头衔或职务______________________

地　　址______________________

电　　话______________________

传　　真______________________

银行单位章______________________

注：若开具保函银行对格式有特殊要求，在获得招标人同意后，卖方可使用银行提供的保函格式，但其实质内容（包括但不限于金额、责任条件、有效期等规定）须与招标文件要求保持一致。

第五章　投标报价表

1　报价说明

1.1　报价应为固定价格，按可调整价格报价的投标文件将被否决。

1.2　投标人应按招标文件规定的格式报出__________工地交货价，包括水泥出厂价、运杂费（指从装车开始，一直到买方__________工地指定交货地点全过程中的装车、运输、损耗、短倒〔含投标人厂区内和至__________工地指定交货地或拌和系统点的短倒〕、过桥、过路、过渡、储存、返空及各种规费、包装费、保险费以及货到买方指定地点或拌和系统的所有其他费用）。报价中须包含合同货物本身已支付或将支付的所有税费、中标服务费及投标人为驻厂监造提供工作及生活的条件所需费用（普通硅酸盐水泥不需要包含驻厂监造费用）。

1.3　买方承担水泥在交货地点的计量费和卸车费，卖方自行决定运输方式及中转方案。卖方承担交货前的一切费用和风险，交付地点为____________工地指定地点或拌和系统。

1.4　招标文件中规定的卖方应提供的技术服务其相应的费用可合理分摊在货物的交货价中，报价中应已包含的招标文件中所有规定的其他服务项目的费用。

1.5　本招标文件列出的所有品种投标人均需报价。

1.6　以人民币进行报价。

2　报价表

__________水泥采购清单报价表

2.1　报价表

序号	品种	预估总量（吨）（1）	出厂价（元/吨）（2）	运杂费（元/吨）（3）	______工地交货单价（元/吨）（4）＝（2）＋（3）	投标总价（元）（1）×（4）	备注
1							
2							
3							

续表

序号	品种	预估总量（吨）(1)	出厂价（元/吨）(2)	运杂费（元/吨）(3)	______工地交货单价（元/吨）(4)＝(2)＋(3)	投标总价（元）(1)×(4)	备注
4							
……							
	合计						

注：报价中应包含拟支付给招标代理机构的中标服务费，详见投标须知“1.5 费用承担”，不单独出项。

投标人：________________（盖单位章）

法定代表人或其委托代理人：________（签字）

____年____月____日

2.2 交货单价分析表及相应的取费依据

收费项目		单价（元/吨）	取费依据
出厂价			
运杂费	装车（船）		
	运输		
	短倒		
	过桥		
	过路		
	返空		
	税费		
	……		
合计			
折扣			
报价			

注：运杂费的收费报价必须详尽，并应有取费依据，投标人应在投标文件中提供取费文件的副本。

投标人：________________（盖单位章）

法定代表人或其委托代理人：________（签字）

____年____月____日

第六章　技术规范（普通硅酸盐水泥）

6.1　卖方必须按照《中华人民共和国产品质量法》的规定提供合格的普通硅酸盐水泥。

6.2　普通硅酸盐水泥满足《通用硅酸盐水泥》GB175 质量要求；散装普通硅酸盐水泥运至工地的入罐温度不宜高于 65℃。

通用硅酸盐水泥（PO42.5）技术要求见表 1

表 1　通用硅酸盐水泥品质检验项目与指标

序号	检验项目		指　标	备　注
1	比表面积/（m^2/kg）		≥300	硅酸盐水泥和普通硅酸盐水泥
2	细度（80μm 筛）/（%）		≤10	其他硅酸盐水泥
3	碱含量/（%）		≤0.60	
4	凝结时间	初凝/（min）	≥45	
		终凝/（ min）	≤600	
5	烧失量/（%）	≤5.0		
6	安定性	合格		
7	抗压强度/（MPa）	3d	≥17.0	
		28d	≥42.5	
8	抗折强度/（MPa）	3d	≥3.5	
		28d	≥6.5	

注：其他通用硅酸盐水泥强度等级检测指标详见《通用硅酸盐水泥》GB175。

6.3　卖方在交货时普通硅酸盐水泥按 400 吨为一个验收批号，不足 400 吨的计为一个验收批号。同时卖方必须按招标文件第五部分合同条款规定提供该批水泥的质量检测报告和产品合格证，一式三份，分送买方及买方指定的其他单位。

6.4　卖方必须对水泥生产全过程进行质量控制，抽样检查的间隔时间为 2 小时以内。每个生产环节都应有生产情况记录及质量记录，每月按国家标准进行均匀性检验并保留记录，以备查。

6.5　买方或买方委托的单位有权随时对卖方的质量保证体系进行检查，并可以随时对生产过程进行质量抽样检验，按照国家标准 GB175 及《水泥取样方法》GB/T 12573 规定的抽样标准、抽样方法和比例进行质量检验。买方或买方委托的质检单位必须是取得技术监督部门资格认可的省级及以上水泥质量监督检验机构。

6.6　水泥质量检测试验方法按《通用硅酸盐水泥》GB175、《水泥化学分析方法》GB176 规定的试验方法进行。

第六章　技术规范（抗硫酸盐硅酸盐水泥）

6.1　卖方必须按照《中华人民共和国产品质量法》的规定提供合格的抗硫酸盐硅酸盐水泥。

6.2　抗硫酸盐硅酸盐水泥满足《抗硫酸盐硅酸盐水泥》GB748 质量要求；散装抗硫酸盐水泥运至工地的入罐温度不宜高于 65℃。其技术指标详见表 1、表 2。

表 1　抗硫酸硅酸盐水泥熟料矿物组成及化学成分要求

序号	矿物组成与化学成分	指标
1	硅酸三钙（%）	≤50.0
2	铝酸三钙（%）	≤3.0

表 2　抗硫酸硅酸盐水泥品质检验项目与指标

<table>
<tr><th>序号</th><th colspan="2">检验项目</th><th>指标</th><th>备注</th></tr>
<tr><td>1</td><td colspan="2">比表面积/（m^2/kg）</td><td>≥280</td><td>高抗硫酸硅酸盐水泥 42.5</td></tr>
<tr><td>2</td><td colspan="2">氧化镁/（%）</td><td>≤5.0</td><td>高抗硫酸硅酸盐水泥 42.5</td></tr>
<tr><td>3</td><td colspan="2">碱含量/（%）</td><td>≤0.60</td><td>高抗硫酸硅酸盐水泥 42.5</td></tr>
<tr><td>4</td><td colspan="2">SO_3 含量/（%）</td><td>≤2.5</td><td>高抗硫酸硅酸盐水泥 42.5</td></tr>
<tr><td rowspan="2">5</td><td rowspan="2">凝结时间</td><td>初凝/（min）</td><td>≥45</td><td>高抗硫酸硅酸盐水泥 42.5</td></tr>
<tr><td>终凝/（h）</td><td>≤10</td><td>高抗硫酸硅酸盐水泥 42.5</td></tr>
<tr><td>6</td><td colspan="2">烧失量/（%）</td><td>≤3.0</td><td>高抗硫酸硅酸盐水泥 42.5</td></tr>
<tr><td>7</td><td colspan="2">安定性</td><td>合格</td><td>高抗硫酸硅酸盐水泥 42.5</td></tr>
<tr><td rowspan="2">8</td><td rowspan="2">抗压强度/（MPa）</td><td>3d</td><td>≥15.0</td><td>高抗硫酸硅酸盐水泥 42.5</td></tr>
<tr><td>28d</td><td>≥42.5</td><td>高抗硫酸硅酸盐水泥 42.5</td></tr>
<tr><td rowspan="2">9</td><td rowspan="2">抗折强度/（MPa）</td><td>3d</td><td>≥3.0</td><td>高抗硫酸硅酸盐水泥 42.5</td></tr>
<tr><td>28d</td><td>≥6.5</td><td>高抗硫酸硅酸盐水泥 42.5</td></tr>
</table>

6.3　卖方在交货时抗硫酸盐硅酸盐水泥按 300 吨为一个验收批号，不足 300 吨的计为一个验收批号。同时卖方必须按招标文件第五部分合同条款规定提供该批水泥的质量检测报告和产品合格证，一式三份，分送买方及买方指定的其他单位。

6.4　卖方必须对水泥生产全过程进行质量控制，抽样检查的间隔时间为 2 小时以内。每个生产环节都应有生产情况记录及质量记录，每月按国家标准进行均匀性检验并保留记录，以备查。

6.5　买方或买方代理有权随时对卖方的质量保证体系进行检查，并可以随时对生产过程进行质量抽样检验，按照国家标准《抗硫酸盐硅酸盐水泥》GB748规定的抽样标准、抽样方法和比例进行质量检验。买方或买方委托的质检单位必须是取得技术监督部门资格认可的省级及以上水泥质量监督检验机构。

6.6　水泥质量检测试验方法按《抗硫酸盐硅酸盐水泥》GB748、《水泥抗硫酸盐侵蚀试验方法》GB/T 749规定的试验方法进行。

第六章　技术规范（低热硅酸盐水泥）

6.1　卖方必须按照《中华人民共和国产品质量法》的规定提供合格的低热硅酸盐水泥。

6.2　低热硅酸盐水泥除满足《中热硅酸盐水泥、低热硅酸盐水泥、低热矿渣硅酸盐水泥》GB200 技术要求外，还需满足中国长江三峡集团有限公司相关企业标准的技术要求。

中国长江三峡集团有限公司标准低热水泥技术要求见表 1、表 2。

表 1　低热水泥熟料矿物组成及化学成分要求

序号	矿物组成与化学成分	指标
1	硅酸二钙（%）	>40
2	铝酸三钙（%）	≤4.0
3	铁铝酸四钙（%）	≥15
4	游离氧化钙（%）	≤0.8

表 2　低热水泥品质检验项目与指标

序号	检验项目		指标	备注
1	比表面积（m^2/kg）		≤340	大于 340 的批次不超过 15%，且最大值不超过 350，每 20 个批次评定一次。
2	氧化镁含量（%）		4.0—5.0	
3	碱含量（%）		≤0.55	
4	SO_3 含量（%）		≤3.5	
			≤2.5	有抗硫酸盐侵蚀要求时。
5	凝结时间	初凝（min）	≥60	
		终凝（h）	≤12	
6	烧失量（%）		≤3.0	
7	安定性		合格	
8	抗压强度（MPa）	7d	≥13.0	
		28d	47±3.5	超出范围的批次不超过 10%，最小值≥42.5，每 20 个批次评定一次。

续表

序号	检验项目		指标	备注
9	抗折强度（MPa）	7d	≥3.5	
		28d	≥7.0	
10	水化热（kJ/kg）	3d	≤220	
		7d	≤250	
		28d	≤300	型式检验控制性指标，每 20 个批次应检测 1 次。

注：散装水泥运至工地的入罐温度不宜高于 65℃。

6.3　卖方在交货时低热硅酸盐水泥按 600 吨为一个验收批号，不足 600 吨的计为一个验收批号。同时卖方必须按招标文件第五部分合同条款规定提供该批水泥的质量检测报告和产品合格证，一式三份，分送买方及买方指定的其他单位。

6.4　卖方必须对水泥生产全过程进行质量控制，抽样检查的间隔时间为 2 小时以内。每个生产环节都应有生产情况记录及质量记录，每月按国家标准进行均匀性检验并保留记录，以备查。

6.5　买方或买方代理有权随时对卖方的质量保证体系进行检查，并可以随时对生产过程进行质量抽样检验，按照国家标准 GB200 或中国长江三峡集团有限公司企业标准规定的抽样标准、抽样方法和比例进行质量检验。买方或买方委托的质检单位必须是取得技术监督部门资格认可的省级及以上水泥质量监督检验机构。

第六章　技术规范（中热硅酸盐水泥）

6.1　卖方必须按照《中华人民共和国产品质量法》的规定提供合格的中热硅酸盐水泥。

6.2　中热硅酸盐水泥除满足《中热硅酸盐水泥、低热硅酸盐水泥、低热矿渣硅酸盐水泥》GB200 技术要求外，还需满足中国长江三峡集团有限公司相关企业标准的技术要求。

中国长江三峡集团有限公司标准中热水泥技术要求见表 1、表 2。

表 1　中热水泥熟料矿物组成及化学成分要求

序号	矿物组成与化学成分	指标
1	硅酸三钙（%）	≤55
2	铝酸三钙（%）	≤4.0
3	铁铝酸四钙（%）	≥15
4	游离氧化钙（%）	≤1.0

表 2　中热水泥品质检验项目与指标

序号	检验项目		指标	备注
1	比表面积（m^2/kg）		≤320	大于 320 的批次不超过 15%，且最大值不超过 340，每 20 个批次评定一次。
2	氧化镁含量（%）		4.0—5.0	
3	碱含量（%）		≤0.55	
4	SO_3 含量（%）		≤3.5	
			≤2.5	有抗硫酸盐侵蚀要求时。
5	凝结时间	初凝（min）	≥60	
		终凝（h）	≤12	
6	烧失量（%）		≤3.0	
7	安定性		合格	
8	抗压强度（MPa）	3d	≥12.0	不作为判定水泥品质是否合格的强制性控制指标。
		7d	≥22.0	
		28d	49±3.5	超出范围的批次不超过 15%，最小值≥42.5，每 20 个批次评定一次。

续表

序号	检验项目		指标	备注
9	抗折强度（MPa）	3d	≥3.0	不作为判定水泥品质是否合格的强制性控制指标。
		7d	≥4.5	
		28d	≥7.5	
10	水化热（kJ/kg）	3d	≤241	
		7d	≤283	

注：散装中热水泥运至工地的入罐温度不宜高于 65℃。

6.3　卖方在交货时中热硅酸盐水泥按 600 吨为一个验收批号，不足 600 吨的计为一个验收批号。同时卖方必须按招标文件第五部分合同条款规定提供该批水泥的质量检测报告和产品合格证，一式三份，分送买方及买方指定的其他单位。

6.4　卖方必须对水泥生产全过程进行质量控制，抽样检查的间隔时间为 2 小时以内。每个生产环节都应有生产情况记录及质量记录，每月按国家标准进行均匀性检验并保留记录，以备查。

6.5　买方或买方代理有权随时对卖方的质量保证体系进行检查，并可以随时对生产过程进行质量抽样检验，按照国家标准 GB200 或中国长江三峡集团有限公司企业标准规定的抽样标准、抽样方法和比例进行质量检验。买方或买方委托的质检单位必须是取得技术监督部门资格认可的省级及以上水泥质量监督检验机构。

第七章　投标文件格式

__________（项目名称）招标

投 标 文 件

投标人：__________________（盖单位章）

法定代表人或其委托代理人：______________（签字）

_____年_____月_____日

目　录

一、投标函

致：______________（招标人名称）：

1. 我方已仔细研究了__________（项目名称）________标段招标文件的全部内容，愿意以人民币（大写）________元（¥________）的投标总报价，按照合同的约定交付货物及提供服务。

2. 我方承诺在招标文件规定的投标有效期______天内不修改、撤销投标文件。

3. 随同本投标函提交投标保证金一份，金额为人民币（大写）____________元（¥__________元）。

4. 如我方中标：

（1）我方承诺在收到中标通知书后，在中标通知书规定的期限内与你方签订合同。

（2）我方承诺按照招标文件规定向你方递交履约保证金。

（3）我方承诺在合同约定的期限内交付货物及提供服务。

5. 我方已经知晓中国长江三峡集团有限公司有关投标和合同履行的管理制度，并承诺将严格遵守。

6. 我方在此声明，所递交的投标文件及有关资料内容完整、真实和准确。

7. 我方同意按照你方要求提供与我方投标有关的一切数据或资料，完全理解你方不一定接受最低价的投标或收到的任何投标。

8. ____________________________（其他补充说明）。

投标人：__________________________（盖单位章）

法定代表人或其委托代理人：______________（签字）

地址____________________________邮编__________________________

电话____________________________传真__________________________

电子邮箱________________________网址__________________________

______年______月______日

二、授权委托书、法定代表人身份证明

授权委托书

本人________（姓名）系______________________（投标人名称）的法定代表人，现委托__________（姓名）为我方代理人。代理人根据授权，以我方名义签署、澄清、说明、补正、递交、撤回、修改______________________（项目名称）__________标段投标文件、签订合同和处理有关事宜，其法律后果由我方承担。

代理人无转委托权。

附：法定代表人身份证明、生产（制造）商出具的授权函（若需要）

投　标　人：________________________（盖单位章）

法定代表人：________________________（签字）

身份证号码：________________________

委托代理人：________________________（签字）

身份证号码：________________________

______年______月______日

注：若法定代表人不委托代理人，则只需出具法定代表人身份证明

附：法定代表人身份证明

投标人名称：________________________________

单位性质：________________________________

地址：____________________________________

成立时间：________年______月______日

经营期限：________________________________

姓名：______________性别：________ 年龄：________ 职务：__________

系________________________（投标人名称）的法定代表人。

特此证明。

附：法定代表人身份证件复印件

法定代表人身份证件复印件粘贴处

投标人：________________________（盖单位章）

______年____月____日

附：生产（制造）商出具的授权函

致：______________（招标人）

我方______________（生产、制造商名称）是按中华人民共和国法律成立的生产（制造）商，主要营业地点设在______________________（生产、制造商地址）。兹指派按中华人民共和国的法律正式成立的，主要营业地点设在______________________（代理商地址）的________________（代理商名称）作为我方合法的代理人进行下列有效的活动：

（1）代表我方办理你方____________（项目名称）____________（货物名称及标包号）投标邀请要求提供的由我方生产（制造）的货物的有关事宜，并对我方具有约束力。

（2）作为生产（制造）商，我方保证以投标合作者来约束自己，并对该投标共同和分别承担招标文件中所规定的义务。

（3）我方兹授予____________（代理商名称）全权办理和履行上述我方为完成上述各点所必需的事宜。对此授权，我方具有替换或撤销的全权。兹确认____________（代理商名称）或其正式委托代理人依此合法地办理一切事宜。

我方于______年____月____日签署本文件，__________（代理商名称）于______年____月____日接受此件，以此为证。

代理商名称＿（盖单位章）＿＿

签字人职务和部门________________

签字人（印刷体）姓名____________

签字人签名______________________

生产（制造）商名称＿（盖单位章）＿＿

签字人职务和部门________________

签字人（印刷体）姓名____________

签字人签名______________________

三、联合体协议书

牵头人名称：__________________　　　法定代表人：__________________

法 定 住 所：__________________　　　成员二名称：__________________

法定代表人：__________________　　　法 定 住 所：__________________

……

鉴于上述各成员单位经过友好协商，自愿组成__________（联合体名称）联合体，共同参加__________________（招标人名称）（以下简称“招标人”）__________（项目名称）__________标段（以下简称“本项目”）的投标并争取赢得本项目承包合同（以下简称“合同”）。现就联合体投标事宜订立如下协议：

1. __________（某成员单位名称）为______________（联合体名称）牵头人。

2. 在本项目投标阶段，联合体牵头人合法代表联合体各成员负责本项目投标文件编制活动，代表联合体提交和接收相关的资料、信息及指示，并处理与投标和中标有关的一切事务；联合体中标后，联合体牵头人负责合同订立和合同实施阶段的主办、组织和协调工作。

3. 联合体将严格按照招标文件的各项要求，递交投标文件，履行投标义务和中标后的合同，共同承担合同规定的一切义务和责任，联合体各成员单位按照内部职责的部分，承担各自所负的责任和风险，并向招标人承担连带责任。

4. 联合体各成员单位内部的职责分工如下：________________________。按照本条上述分工，联合体成员单位各自所承担的合同工作量比例如下：______________。

5. 投标工作和联合体在中标后项目实施过程中的有关费用按各自承担的工作量分摊。

6. 联合体中标后，本联合体协议是合同的附件，对联合体各成员单位有合同约束力。

7. 本协议书自签署之日起生效，联合体未中标或者中标时合同履行完毕后自动失效。

8. 本协议书一式__________________份，联合体成员和招标人各执一份。

牵头人名称：______________________（盖单位章）

法定代表人或其委托代理人：____________（签字）

成员一名称：______________________（盖单位章）

法定代表人或其委托代理人：____________（签字）

成员二名称：______________________（盖单位章）

法定代表人或其委托代理人：____________（签字）

______年______月______日

四、投标保证金

（一）采用在线支付（企业银行对公支付）或线下支付（银行汇款）方式

采用在线支付（企业银行对公支付）或线下支付（银行汇款）方式时，提供以下文件：

投标保证金承诺（格式）

致：三峡国际招标有限责任公司

鉴于__（投标人名称）__已递交__（项目名称及标段）__招标的投标文件，根据招标文件规定，本投标人向贵公司提交人民币________万元整的投标保证金，作为参与该项目招标活动的担保，履行招标文件中规定义务的担保。

若本投标人有下列任何一种行为，同意贵公司不予退还投标保证金：

（1）在开标之日到投标有效期满前，撤销或修改其投标文件；

（2）在收到中标通知书 30 日内，无正当理由拒绝与招标人签订合同；

（3）在收到中标通知书 30 日内，未按招标文件规定提交履约担保；

（4）在投标文件中提供虚假的文件和材料，意图骗取中标。

附：投标保证金退还信息及中标服务费交纳承诺书（格式）

投标保证金递交凭证扫描件

投标人：__（加盖投标人单位章）__

法定代表人或其委托代理人：__________（签字）

日　期：______年______月____日

（二）采用银行保函方式

采用银行保函方式时，按以下格式提供投标保函及“投标保证金退还信息及中标

服务费交纳承诺书”：

投标保函（格式）

受益人：三峡国际招标有限责任公司

鉴于__________________（投标人名称）（以下称“投标人”）于_____年____月____日参加__（项目名称及标段）__的投标，__（银行名称）__（以下称“本行”）无条件地、不可撤销地具结保证本行或其继承人和其受让人，一旦收到贵方提出的下述任何一种事实的书面通知，立即无追索地向贵方支付总金额为______________的保证金。

（1）在开标之日到投标有效期满前，投标人撤销或修改其投标文件；

（2）在收到中标通知书 30 日内，投标人无正当理由拒绝与招标人签订合同；

（3）在收到中标通知书 30 日内，投标人未按招标文件规定提交履约担保；

（4）投标人未按招标文件规定向贵方支付中标服务费；

（5）投标人在投标文件中提供虚假的文件和材料，意图骗取中标。

本行在接到受益人的第一次书面要求就支付上述数额之内的任何金额，并不需要受益人申述和证实他的要求。

本保函自开标之日起（投标文件有效期日数）日历日内有效，并在贵方和投标人同意延长的有效期内（此延期仅需通知而无须本行确认）保持有效，但任何索款要求应在上述日期内送到本行。贵方有权提前终止或解除本保函。

银行名称：（盖单位章）

许可证号：

地　　址：

负 责 人：（签字）

日　　期：　　年　　月　　日

附件：投标保证金退还信息及中标服务费交纳承诺书

三峡国际招标有限责任公司：

我单位已按招标文件要求，向贵司递交了投标保证金。信息如下：

序号	名称	内容
1	招标项目名称及标段	
2	招标编号	
3	投标保证金金额	合计：￥_____元，大写____________
4	投标保证金缴纳方式 （请在相应的“□”内划“√”）	□ **4.1　在线支付（企业银行对公支付）** 汇款人：　汇款银行：　银行账号： 汇款行所在省市： □ **4.2　线下支付（银行汇款）** 汇款人：　汇款银行：　银行账号： 汇款行所在省市： □ **4.3　银行投标保函** 投标保函开具行：
5	中标服务费发票开具 （请在相应的“□”内划“√”）	□ **5.1　增值税普通发票** □ **5.2　增值税专用发票（请提供以下完整开票信息）：** ・名称： ・纳税人识别税号（或三证合一号码）： ・地址、电话： ・开户行及账号：

我单位确认并承诺：

1. 若中标，将按本招标文件投标须知的规定向贵司支付中标服务费用，拟支付贵司的中标服务费已包含在我单位报价中，未在投标报价表中单独出项。

2. 如通过方式4.1或4.2缴纳投标保证金，贵司可从我单位保证金中扣除中标服务费用后将余额退给我单位，如不足，接到贵司通知后5个工作日内补足差额；如通过方式4.3缴纳投标保证金，将在合同签订并提供履约担保（如招标文件有要求）后5日内支付中标服务费，否则贵司可以要求投标保函出具银行支付中标服务费。

3. 对于通过方式4.1或4.2提交的保证金，请按原汇款路径退回我单位，如我单位账户发生变化，将及时通知贵司并提供情况说明；对于通过方式4.3提交的银行投标保函，贵司收到我单位汇付的中标服务费后将银行保函原件按下列地址寄回：

投标人名称（盖单位章）：

地　址：　　　　邮　编：　　　　联系人：　　　　联系电话：

法定代表人或其委托代理人：　　　　年　　月　　日

说明：(1) 本信息由投标人填写，与投标保证金递交凭证或银行投标保函一起密封提交。

(2) 本信息作为招标代理机构退还投标保证金和开具中标服务费发票的依据，投标人必须按要求完整填写并加盖单位章（其余用章无效），由于投标人的填写错误或遗漏导致的投标担保退还失误或中标服务费发票开具失误，责任由投标人自负。

五、投标报价表

说明：投标报价表按第五章“投标报价表”中的相关内容及格式填写。构成合同文件的投标报价表包括第五章“投标报价表”有关采购清单、投标报价以及其他说明的内容。

六、技术方案

技术方案内容包含但不限于：

（一）投标人质量保证体系和对产品的质量承诺

投标人应在此部分中提交以下所要求的资料或文件：

1. 投标人的质量保证体系说明，包括组织机构、试验室设备、质检人员素质及培训情况，检验方法、规章制度、内控措施与手段。

2. 投标人对投标货物制造质量的承诺。

3. 投标人对货物装运的承诺。

4. 投标人对货物出厂质量证明书等技术资料签发、移交及其与货物如何对应一致的承诺。

5. 投标人对货物质量问题和质量异议处理的承诺。

（二）工厂检验项目及标准

1. 投标人应列明工厂检验、测试和试验所遵循的技术标准的名称及标准代号。

2. 投标人应指出投标货物的检查、测试和试验项目。

（三）运输保障措施

1. 运输方式

2. 运输中转方案

3. 供应保障手段

中转储备能力：

应急运输调度能力：

4. 时间分解表（天）

计划排产周期（1）	铁路、水路或公路运输时间（2）	至工地中转及运输时间（3）	交货总周期（4）＝（1）＋（2）＋（3）

注：（1）以上时间均包含在每批完全可以保证交货的最大周期内；

（2）为保证供应可以选报多种运输及中转方案，但无论最终采取哪种方案，投标报价只能是唯一的且在合同有效期内是不可变的。

（四）投标人提供的技术资料

主要包括：

1. 投标人供货产品的主要技术指标和性能、品质、试验与鉴定文件资料，以及证

明产品长期生产质量稳定性的资料。

2. 投标人保证按工程需要供货的生产计划与安排的保证措施。

3. 生产能力、产品工艺、质量控制措施。

4. 保证供货的生产、运输、交货与售后服务的组织保证措施（含投标人在工地办事机构及人员、设备配置情况）。

投　标　人：＿＿＿＿＿＿＿＿＿＿（盖单位章）

法定代表人或其委托代理人：＿＿＿＿＿＿（签字）

＿＿＿年＿＿＿月＿＿＿日

七、偏差表

投标人可以不提交一份对本招标文件合同条款的逐条注释意见，但应根据下表的格式列出对上述条款的偏差（如果有）。未在商务偏差表中列明的商务偏差，将被视为满足招标文件要求。

表 7-1　商务偏差表

项目	条款编号	偏差内容	备　注

备注：对投标人须知前附表中规定的实质性偏差的内容提出负偏差，无论是否在本表中填写，将被认为是对招标文件的非实质性响应，其投标文件将被否决。

投　标　人：＿＿＿＿＿＿＿＿＿＿（盖单位章）

法定代表人或其委托代理人：＿＿＿＿＿＿（签字）

＿＿＿年＿＿＿月＿＿＿日

投标人可以不提交一份对本招标文件技术要求的逐条注释意见，但应根据下表的格式列出对上述条款的偏差（如果有）。未在技术偏差表中列明的技术偏差，将被视为满足招标文件要求。

表 7-2　技术偏差表

项目	条款编号	偏差内容	备　注

备注：对投标人须知前附表中规定的实质性偏差的内容提出负偏差，无论是否在本表中填写，将被认为是对招标文件的非实质性响应，其投标文件将被否决。

投　标　人：________________（盖单位章）

法定代表人或其委托代理人：__________（签字）

____年____月____日

八、拟分包（外购）项目情况表

序号	拟分包项目名称、范围及理由	拟选分包人					备注
		拟选分包人名称		注册地点	企业资质	有关业绩	
		1					
		2					
		3					
		1					
		2					
		3					
		1					
		2					
		3					
		1					
		2					
		3					

备注：投标人需根据拟分包的项目情况提供分包意向书/分包协议、分包人资质证明文件。

投　标　人：____________________（盖单位章）

法定代表人或其委托代理人：____________（签字）

______年______月______日

九、资格审查资料

（一）投标人基本情况表

<table>
<tr><td>投标人名称</td><td colspan="7"></td></tr>
<tr><td>投标人组织机构代码
或统一社会信用代码</td><td colspan="7"></td></tr>
<tr><td>注册地址</td><td colspan="3"></td><td>邮政编码</td><td colspan="3"></td></tr>
<tr><td rowspan="2">联系方式</td><td>联系人</td><td colspan="2"></td><td>电话</td><td colspan="3"></td></tr>
<tr><td>传真</td><td colspan="2"></td><td>网址</td><td colspan="3"></td></tr>
<tr><td>组织结构</td><td colspan="7"></td></tr>
<tr><td>法定代表人</td><td>姓名</td><td></td><td>技术职称</td><td></td><td colspan="2">电话</td><td></td></tr>
<tr><td>技术负责人</td><td>姓名</td><td></td><td>技术职称</td><td></td><td colspan="2">电话</td><td></td></tr>
<tr><td>成立时间</td><td colspan="2"></td><td colspan="5">员工总人数：</td></tr>
<tr><td>许可证及级别</td><td colspan="2"></td><td rowspan="5">其中</td><td colspan="2">高级职称人员</td><td colspan="2"></td></tr>
<tr><td>营业执照号</td><td colspan="2"></td><td colspan="2">中级职称人员</td><td colspan="2"></td></tr>
<tr><td>注册资金</td><td colspan="2"></td><td colspan="2">初级职称人员</td><td colspan="2"></td></tr>
<tr><td>基本账户
开户银行</td><td colspan="2"></td><td colspan="2">技工</td><td colspan="2"></td></tr>
<tr><td>基本账户账号</td><td colspan="2"></td><td colspan="2">其他人员</td><td colspan="2"></td></tr>
<tr><td>经营范围</td><td colspan="7"></td></tr>
<tr><td>备注</td><td colspan="7"></td></tr>
</table>

备注：(1) 本表后应附企业法人营业执照、生产许可证（如有）等材料的扫描件。

(2) 若代理商投标，须同时提供生产（制造）商的基本情况表。

附件一　生产（制造）商资格声明

1. 名称及概况：

（1）生产（制造）商名称：＿＿＿＿＿＿＿＿＿＿＿＿＿＿＿＿＿＿＿＿

（2）总部地址：＿＿＿＿＿＿＿＿＿＿＿＿＿＿＿＿＿＿＿＿＿＿＿＿

传真/电话号码：＿＿＿＿＿＿＿＿＿＿　　邮政编码：＿＿＿＿＿＿＿＿

（3）成立和/或注册日期：＿＿＿＿＿＿＿＿＿＿＿＿＿＿＿＿＿＿＿＿

（4）实收资本：＿＿＿＿＿＿＿＿＿＿＿＿＿＿＿＿＿＿＿＿＿＿＿＿

（5）法定代表人姓名：＿＿＿＿＿＿＿＿＿＿＿＿＿＿＿＿＿＿＿＿＿

2. 关于生产（制造）投标货物的设施及有关情况：

工厂名称地址	生产的项目	年生产能力	职工人数
＿＿＿＿＿＿	＿＿＿＿＿	＿＿＿＿＿	＿＿＿＿
＿＿＿＿＿＿	＿＿＿＿＿	＿＿＿＿＿	＿＿＿＿

3. 投标产品近三年的实际年产销量（单位：吨）：

品种规格	＿＿＿＿年	＿＿＿＿年	＿＿＿＿年
年生产总量			
其中：（重点型号）			

4. 其他情况：＿组织机构、技术力量等。＿

兹证明上述声明是真实、正确的，并提供了全部能提供的资料和数据，我们同意遵照贵方要求出示有关证明文件。

生产（制造）商名称：＿＿＿＿＿＿＿＿（盖单位章）

签字人姓名和职务：＿＿＿＿＿＿＿＿＿＿＿＿

签字人签字：＿＿＿＿＿＿＿＿＿＿＿＿＿＿＿

签字日期：＿＿＿＿＿＿＿＿＿＿＿＿＿＿＿＿

传真：＿＿＿＿＿＿＿＿＿＿＿＿＿＿＿＿＿＿

电话：＿＿＿＿＿＿＿＿＿＿＿＿＿＿＿＿＿＿

电子邮箱：＿＿＿＿＿＿＿＿＿＿＿＿＿＿＿＿

附件二 代理商的资格声明

1. 名称及概况：________________

（1）代理商名称：________________

（2）总部地址：________________

传真/电话号码：________________ 邮政编码：________________

（3）成立和/或注册日期：________________

（4）实收资本：________________

（5）法定代表人姓名：________________

2. 近3年该货物主要销售给国内外主要客户的名称地址：

（1）出口销售

（名称和地址） （销售项目名称）

（名称和地址） （销售项目名称）

（2）国内销售

（名称和地址） （销售项目名称）

（名称和地址） （销售项目名称）

3. 开立基本账户银行的名称和地址：________________

4. 其他情况：组织机构、技术力量等。

兹证明上述声明是真实、正确的，并提供了全部能提供的资料和数据，我们同意遵照贵方要求出示有关证明文件。

代理商名称：________________（盖单位章）

代理商全权代表：________________

签字日期：________________

传真：________________

电话：________________

电子邮箱：________________

（二）近年财务状况表

投标人须提交近______年（______年至______年）的财务报表，并填写下表。

序号	项目	______年	______年	______年
1	固定资产			
2	流动资产			
3	存货			
4	总资产			
5	长期负债			
6	流动负债			
7	净资产			
8	利润总额			
9	资产负债率			
10	流动比率			
11	速动比率			
12	销售利润率			

注：投标人如为代理商，应按上表提交近______年（______年至______年）的产品制造商的财务报表。

（三）近年完成的类似项目情况表

项目名称	
项目所在地	
采购人名称	
采购人地址	
采购人电话	
合同价格	
供货时间	
货物描述	
备注	

注：应附中标通知书（如有）和合同协议书以及货物验收证表（货物验收证明文件）等的彩色扫描件，具体年份时间要求见投标人须知前附表。每张表格只填写一个项目，并标明序号。

（四）正在进行的和新承接的项目情况表

项目名称	
项目所在地	
采购人名称	
采购人地址	
采购人电话	
合同价格	
供货时间	
货物描述	
备注	

注：应附中标通知书（如有）和合同协议书等的扫描件，具体年份时间要求见投标人须知前附表。每张表格只填写一个项目，并标明序号。

（五）近年发生的诉讼及仲裁情况

序号	案由	双方当事人名称	处理结果或进度情况
……	……	……	……

注：（1）本表为调查表，不得因投标人发生过诉讼及仲裁事项作为否决其投标、作为量化因素或评分因素，除非其中的内容涉及其他规定的评标标准，或导致中标后合同不能履行。

（2）诉讼及仲裁情况是指投标人在招投标和中标合同履行过程中发生的诉讼及仲裁事项，以及投标人认为对其生产经营活动产生重大影响的其他诉讼及仲裁事项。

投标人仅需提供与本次招标项目类型相同的诉讼及仲裁情况。

（3）诉讼包括民事诉讼和行政诉讼；仲裁是指争议双方的当事人自愿将他们之间的纠纷提交仲裁机构，由仲裁机构以第三者的身份进行裁决。

（4）“案由”是事情的缘由、名称、由来，当事人争议法律关系的类别，或诉讼仲裁情况的内容提要，如“工程款结算纠纷”。

（5）“双方当事人名称”是指投标人在诉讼、仲裁中原告（申请人）、被告（被申请人）或第三人的单位名称。

（6）诉讼、仲裁的起算时间为：提起诉讼、仲裁被受理的时间，或收到法院、仲裁机构诉讼、仲裁文书的时间。

（7）诉讼、仲裁已有处理结果的，应附材料见第二章“投标人须知”3.5.5；还没有处理结果，应说明进展情况，如某某人民法院于某年某月某日已经受理。

（8）如招标文件第二章“投标人须知”3.5.5 条规定的期限内没有发生的诉讼及仲裁情况，投标人在编制投标文件时，需在上表“案由”空白处声明：“经本投标人认真核查，在招标文件第二章‘投标人须知’3.5.5 条规定的期限内本投标人没有发生诉讼及仲裁纠纷，如不实，构成虚假，自愿承担由此引起的法律责任。特此声明。”

（六）其他资格审查资料

1. 营业执照副本、税务登记证
2. 质量管理体系认证证书（如有）
3. 生产（制造）商生产许可证

投标人：________________（盖单位章）

法定代表人或其委托代理人：__________（签字）

______年______月______日

十、构成投标文件的其他材料

1. 初步评审需要的材料

投标人应根据招标文件具体要求，提供初步评审需要的材料，包括但不限于下列内容，请将所需材料在投标文件中的对应页码填入表格中。

序号	名称	网上电子投标文件	纸质投标文件正本	备注
1	营业执照			
2	生产许可证			根据项目实际情况填写
3	业绩证明文件			
4	……			
5	经审计的财务报表			______年至____年
6	投标函签字盖章			电子版为扫描件
7	授权委托书签字盖章			电子版为扫描件
8	投标保证金凭证或投保保函			电子版为扫描件
9	……			

注：(1) 所提供的资质证书等应为有效期内的文件，其他材料应满足招标文件具体要求。

(2) 投标保证金采用银行保函时应提供原件，单独密封提交。

2. 招标文件规定的其他材料。
3. 投标人认为需要提供的其他材料。

水电工程粉煤灰招标文件范本

中国三峡
China Three Gorges Corporation

QZ/CTG 03.03.V2－2017

________项目招标文件

(粉煤灰类)

招标编号：____________________

招标人：______________

招标代理机构：________

20____年____月____日

使用说明

一、《招标文件》适用于中国长江三峡集团有限公司水电、风电、太阳能工程粉煤灰类大宗物资项目招标。

二、《招标文件》用相同序号标示的章、节、条、款、项、目，供招标人和投标人选择使用；以空格标示的由招标人填写的内容，招标人应根据招标项目具体特点和实际需要具体化，确实没有需要填写的，在空格中用“/”标示。

三、《招标文件》第一章的招标公告或投标邀请书中，投标人资格要求按照单一标段编写。多标段招标时，可并列编写各标段投标人资格要求。

四、招标人可以根据项目实际情况，对《招标文件》第二章“投标人须知”前附表第 1.11.2 项指明的“实质性偏差的内容”进行调整。

五、《招标文件》第三章“评标办法”对于常规材料物资采用经评审的最低投标价法；对于有一定特殊要求，但是采购量不大的常规材料物资项目采用最低评标价法。招标人可根据需要选择具体评标办法。各评审因素的评审标准、分值和权重等不可修改。

六、《招标文件》第四章“合同条款及格式”由合同协议书、合同条款及三个附件构成。合同条款不分通用条款和专用条款，主要参考中国长江三峡集团有限公司现行的大宗物资招标及采购文件并结合国家有关招标投标的法律、法规和中国长江三峡集团有限公司管理规定进行编制。提醒注意要点：

（一）为保证标准文本的通用性、指导性，涉及时间、地点、数值、增值税发票信息等内容在标准文件中以下划线代替，由招标人根据招标实际情况填报；

（二）合同协议书中第 2 条合同文件组成为合同文件主要框架，招标人根据招标实际情况可以添加构成合同文件的其他内容。

七、《招标文件》第五章“投标报价表”由招标人根据行业标准、招标项目具体特点和实际需要编制，并与“投标人须知”、“合同条款及格式”、“技术标规范”相衔接。本章所附表格可根据有关规定作相应的调整和补充。

八、《招标文件》第六章“技术规范”参照溪洛渡水电站、白鹤滩水电站、乌东德水电站的粉煤灰招标文件进行编写。提醒注意要点：

（一）“技术规范”中的各项技术标准应符合国家强制性标准，不得要求或标明某一特定的专利、商标、名称、设计、原产地或生产供应者，不得含有倾向或者排斥潜在投标人的其他内容。如果必须引用某一生产供应者的技术标准才能准确或清楚地说明拟招标项目的技术标准时，则应当在参照后面加上“或相当于”字样；

（二）质量除符合 DL/T5055 中 F 类Ⅰ级粉煤灰标准外，增加了还需满足中国长江三峡集团有限公司标准《拱坝混凝土用粉煤灰技术要求及检验》Q/CTG 15—2015 的要求；

（三）技术指标增加了碱含量≤2.7%的要求。

九、《招标文件》将根据实际执行过程中出现的问题及时进行修改。各使用单位对《招标文件》的修改意见和建议，可向编制工作小组反映。

联系方式：ctg_zbfb@ctg.com.cn。

第一章　招标公告（未进行资格预审）

______（项目名称）招标公告

1　招标条件

本招标项目　（项目名称）　已获批准采购，采购资金来自　（资金来源）　，招标人为________，招标代理机构为　三峡国际招标有限责任公司　。项目已具备招标条件，现对该项目进行公开招标。

2　项目概况与招标范围

2.1　项目概况

________（说明本次招标项目的建设地点、规模等）。

2.2　招标范围

________（说明本次招标项目的招标范围、标段划分〔如果有〕、计划工期等）。

3　投标人资格要求

3.1　本次招标要求投标人须具备以下条件：

（1）资质条件：________；

（2）业绩要求：________；

（3）信誉要求：________；

（4）财务要求：________；

（5）其他要求：________。

3.2　本次招标______（接受或不接受）联合体投标。联合体投标的，应满足下列要求：______。

3.3　投标人不能作为其他投标人的分包人同时参加投标。单位负责人为同一人或者存在控股、管理关系的不同单位，不得参加同一标段投标或者未划分标段的同一招标项目投标。

3.4　本次招标________（接受或不接受）代理商投标。如投标人为代理商，需获得________授权。

3.5　各投标人均可就本招标项目的________（具体数量）个标段投标。[①]

4　招标文件的获取

4.1　招标文件发售时间为______年____月____日____时整至______年____月____日____时整（北京时间，下同）。

4.2　招标文件每标段售价______元，售后不退。

4.3　有意向的投标人须登录中国长江三峡集团有限公司电子采购平台（网址：http://epp.ctg.com.cn/，以下简称“电子采购平台”，服务热线电话：010－57081008）进行免费注册成为注册供应商，在招标文件规定的发售时间内通过电子采购平台点击“报名”提交申请，并在“支付管理”模块勾选对应条目完成支付操作。潜在投标人可以选择在线支付或线下支付（银行汇款）完成标书款缴纳：

（1）在线支付（单位或个人均可）时请先选择支付银行，然后根据页面提示进行支付，支付完成后电子采购平台会根据银行扣款结果自动开放招标文件下载权限；

（2）线下支付（单位或个人均可）时须通过银行汇款将标书款汇至三峡国际招标有限责任公司的开户行：工商银行北京中环广场支行（账号：0200209519200005317）。线下支付成功后，潜在投标人须再次登录电子采购平台，依次填写支付信息、上传汇款底单并保存提交，招标代理机构工作人员核对标书款到账情况后开放下载权限。

4.4　若超过招标文件发售截止时间则不能在电子采购平台相应标段点击“报名”，将不能获取未报名标段的招标文件，也不能参与相应标段的投标，未及时按照规定在电子采购平台报名的后果，由投标人自行承担。

5　电子身份认证

本项目投标文件的网上提交部分需要使用电子钥匙（CA）加密后上传至电子采购平台（标书购买阶段不需使用CA电子钥匙）。本电子采购平台的相关电子钥匙（CA）须在北京天威诚信电子商务服务有限公司指定网站办理（网址：http://sanxia.szzsfw.com/，服务热线电话：010－64134583），请潜在投标人及时办理，以免影响投标，由于未及时办理CA影响投标的后果，由投标人自行承担。

6　投标文件的递交

6.1　投标文件递交的截止时间（投标截止时间，下同）为______年____月____日____

① 分标段时适用，根据项目情况修改。

时整。本次投标文件的递交分现场递交和网上提交，现场递交的地点为________；网上提交的投标文件应在投标截止时间前上传至电子采购平台。

6.2　在投标截止时间前，现场递交的投标文件未送达到指定地点或者网上提交的投标文件未成功上传至电子采购平台，招标人不予受理。

7　发布公告的媒介

本次招标公告同时在中国招标投标公共服务平台（http：//www.cebpubservice.com）、中国长江三峡集团有限公司电子采购平台（http：//epp.ctg.com.cn）、三峡国际招标有限责任公司网站（www.tgtiis.com）上发布。

8　联系方式

招 标 人：________	招标代理机构：三峡国际招标有限责任公司
地　　址：________	地　　址：________
邮　　编：________	邮　　编：________
联 系 人：________	联 系 人：________
电　　话：________	电　　话：________
传　　真：________	传　　真：________
电子邮箱：________	电子邮箱：________

招标采购监督：________

联 系 人：________

电　　话：________

传　　真：________

____年____月____日

第一章　投标邀请书（适用于邀请招标）

______________（项目名称）投标邀请书

__________（被邀请单位名称）：

1　招标条件

本招标项目__（项目名称）__已获批准采购，采购资金来自__（资金来源）__，招标人为____________，招标代理机构为__三峡国际招标有限责任公司__。项目已具备招标条件，现邀请你单位参加________（项目名称及标段）投标。

2　项目概况与招标范围

2.1　项目概况

____________（说明本次招标项目的建设地点、规模等）。

2.2　招标范围

____________（说明本次招标项目的招标范围、标段划分〔如果有〕、计划工期等）。

3　投标人资格要求

3.1　本次招标要求投标人须具备以下条件：

（1）资质条件：______________；

（2）业绩要求：______________；

（3）信誉要求：______________；

（4）财务要求：______________；

（5）其他要求：______________。

3.2　你单位__________（可以或不可以）组成联合体投标。联合体投标的，应满足下列要求：__________。

3.3　你单位不能作为其他投标人的分包人同时参加投标。单位负责人为同一人或者存在控股、管理关系的不同单位，不得参加同一标段投标或者未划分标段的同一招标项

目投标。

3.4 你单位可就本招标项目的__________（具体数量）个标段投标。[①]

4 招标文件的获取

4.1 招标文件发售时间为______年____月____日____时整至______年____月____日____时整（北京时间，下同）。

4.2 招标文件每标段售价______元，售后不退。

4.3 有意向的投标人须登录中国长江三峡集团有限公司电子采购平台（网址：http://epp.ctg.com.cn/，以下简称“电子采购平台”，服务热线电话：010－57081008）进行免费注册成为注册供应商，在招标文件规定的发售时间内通过电子采购平台点击“报名”提交申请，并在“支付管理”模块勾选对应条目完成支付操作。潜在投标人可以选择在线支付或线下支付（银行汇款）完成标书款缴纳：

（1）在线支付（单位或个人均可）时请先选择支付银行，然后根据页面提示进行支付，支付完成后电子采购平台会根据银行扣款结果自动开放招标文件下载权限；

（2）线下支付（单位或个人均可）时须通过银行汇款将标书款汇至三峡国际招标有限责任公司的开户行：工商银行北京中环广场支行（账号：0200209519200005317）。线下支付成功后，潜在投标人须再次登录电子采购平台，依次填写支付信息、上传汇款底单并保存提交，招标代理机构工作人员核对标书款到账情况后开放下载权限。

4.4 若超过招标文件发售截止时间则不能在电子采购平台相应标段点击“报名”，将不能获取未报名标段的招标文件，也不能参与相应标段的投标，未及时按照规定在电子采购平台报名的后果，由投标人自行承担。

5 电子身份认证

本项目投标文件的网上提交部分需要使用电子钥匙（CA）加密后上传至电子采购平台（标书购买阶段不需使用 CA 电子钥匙）。本电子采购平台的相关电子钥匙（CA）须在北京天威诚信电子商务服务有限公司指定网站办理（网址：http://sanxia.szzsfw.com/，服务热线电话：010－64134583），请潜在投标人及时办理，以免影响投标，由于未及时办理 CA 影响投标的后果，由投标人自行承担。

6 投标文件的递交

6.1. 投标文件递交的截止时间（投标截止时间，下同）为______年____月____日____

① 分标段时适用，根据项目情况修改。

时整。本次投标文件的递交分现场递交和网上提交，现场递交的地点为______；网上提交的投标文件应在投标截止时间前上传至电子采购平台。

6.2　在投标截止时间前，现场递交的投标文件未送达到指定地点或者网上提交的投标文件未成功上传至电子采购平台，招标人不予受理。

7　确认

你单位收到本投标邀请书后，请于____年__月__日____时整前以传真或电子邮件方式予以确认。

8　联系方式

招 标 人：________________	招标代理机构：三峡国际招标有限责任公司
地　　址：________________	地　　址：________________________
邮　　编：________________	邮　　编：________________________
联 系 人：________________	联 系 人：________________________
电　　话：________________	电　　话：________________________
传　　真：________________	传　　真：________________________
电子邮箱：________________	电子邮箱：________________________

招标采购监督：______________________

联 系 人：__________________________

电　　话：__________________________

传　　真：__________________________

______年____月______日

第一章 投标邀请书（代资格预审通过通知书）

______________（项目名称）投标邀请书

__________（被邀请单位名称）：

1. 你单位已通过资格预审，现邀请你单位按招标文件规定的内容，参加________________________________（项目名称及标段）投标。

2. 请你单位于______年____月____日____时整至______年____月____日____时整（北京时间，下同）按下列要求购买招标文件。

3. 招标文件每标段售价________元，售后不退。

4. 请登录中国长江三峡集团有限公司电子采购平台（网址：http：//epp.ctg.com.cn/，以下简称“电子采购平台”，服务热线电话：010－57081008）进行免费注册成为注册供应商，在招标文件规定的发售时间内通过电子采购平台点击“报名”提交申请，并在“支付管理”模块勾选对应条目完成支付操作。潜在投标人可以选择在线支付或线下支付（银行汇款）完成标书款缴纳：

（1）在线支付（单位或个人均可）时请先选择支付银行，然后根据页面提示进行支付，支付完成后电子采购平台会根据银行扣款结果自动开放招标文件下载权限；

（2）线下支付（单位或个人均可）时须通过银行汇款将标书款汇至三峡国际招标有限责任公司的开户行：工商银行北京中环广场支行（账号：0200209519200005317）。线下支付成功后，潜在投标人须再次登录电子采购平台，依次填写支付信息、上传汇款底单并保存提交，招标代理机构工作人员核对标书款到账情况后开放下载权限。

若超过招标文件发售截止时间则不能在电子采购平台相应标段点击“报名”，将不能获取未报名标段的招标文件，也不能参与相应标段的投标，未及时按照规定在电子采购平台报名的后果，由投标人自行承担。

5. 投标文件递交的截止时间（投标截止时间，下同）为________年______月____日______时整。本次投标文件的递交分现场递交和网上提交，现场递交的地点为______________；网上提交的投标文件应在投标截止时间前上传至电子采购平台。

6. 在投标截止时间前，现场递交的投标文件未送达到指定地点或者网上提交的投标文件未成功上传至电子采购平台，招标人不予受理。

7. 你单位收到本投标邀请书后，请于______年____月____日____时整前以传真或电子邮件方式予以确认。

招 标 人：______________　　招标代理机构：三峡国际招标有限责任公司
地　　址：______________　　地　　址：______________
邮　　编：______________　　邮　　编：______________
联 系 人：______________　　联 系 人：______________
电　　话：______________　　电　　话：______________
传　　真：______________　　传　　真：______________
电子邮箱：______________　　电子邮箱：______________

招标采购监督：______________
联 系 人：______________
电　　话：______________
传　　真：______________

____年____月____日

附表

附表　集中招标项目资格条件汇总表（格式）

序号	标段编号	标段名称	招标范围	资格条件要求	标书款金额	保证金金额	备注

第二章　投标人须知

投标人须知前附表

条款号	条款名称	编列内容
1.1.2	招标人	名称： 地址： 联系人： 电话： 电子邮箱：
1.1.3	招标代理机构	名称：三峡国际招标有限责任公司 地址： 联系人： 电话： 电子邮箱：
1.1.4	项目名称	
1.1.5	项目概况	
1.2.1	资金来源	
1.2.2	出资比例	
1.2.3	资金落实情况	
1.3.1	招标范围	本项目招标范围如下：
1.3.2	交货要求	交货批次和进度： 交货地点： 交货条件：
1.3.3	质量要求	
1.4.1	投标人资质条件、能力和信誉	资质条件： 业绩要求： 信誉要求： 财务要求： 其他要求：
1.4.2	是否接受联合体投标	□不接受 □接受，应满足下列要求：
1.4.5	是否接受代理商投标	□不接受 □接受，应满足下列要求：

续表

条款号	条款名称	编列内容
1.5	费用承担	其中中标服务费用： □由中标人向招标代理机构支付，适用于本须知 1.5 款________类招标收费标准。 □其他方式：
1.9.1	踏勘现场	□不组织 □组织，踏勘时间： 踏勘集中地点：
1.10.1	投标预备会	□不召开 □召开，召开时间： 召开地点：
1.10.2	投标人提出问题的截止时间	投标预备会____天前
1.10.3	招标人书面澄清的时间	投标截止日期____天前
1.11.2	实质性偏差的内容①	对招标文件的价款的结算、交货期、违约责任、合同争端及解决、履约担保等
2.2.1	投标人要求澄清招标文件的截止时间	投标截止日期前__________天
2.2.2	投标截止时间	____年____月____ 日____ 时____ 分
2.2.3	投标人确认收到招标文件澄清的时间	收到通知后 24 小时内
2.3.2	投标人确认收到招标文件修改的时间	收到通知后 24 小时内
3.1.1	构成投标文件的其他材料	
3.2.3	最高投标限价或其计算方法	
3.3.1	投标有效期	自投标截止之日起____天
3.4.1	投标保证金	不要求递交投标保证金 ☑要求递交投标保证金 投标文件应附上一笔符合招标文件规定的投标保证金，金额为人民币______万元/标段。 **1. 递交形式** 通过在线支付或线下支付递交的投标保证金或由国内银行的省、地市级分行出具的银行保函，不接受汇票、支票或现钞等其他方式。 **2. 递交办法** **2.1　使用在线支付或线下缴纳投标保证金** 潜在投标人须登录电子采购平台，于投标截止时间前在“投标管理一投标”菜单中选择项目并点击“支付保证金”，并在“支付管理”模块勾选对应条目完成支付操作。潜在投标人可以选择在线支付或线下支付进行缴纳： (1) 在线支付（通过“B2B”即企业银行对公支付）保证金时，请根据页面提示选择支付银行进行支付。 (2) 线下支付投标保证金时，潜在投标人须通过银行汇款至招标代理机构，汇款成功后，再次登录电子采购平台，依次填写支付信息、上传汇款底单并保存提交。

① 根据项目情况调整。

续表

条款号	条款名称	编列内容
		2. 2　银行保函 潜在投标人须开具有效的银行保函，登录电子采购平台，在线下支付付款方式中选“保函”，并上传银行保函彩色扫描件。 **3. 递交时间** 潜在投标人选择在线支付方式缴纳投标保证金时，须确保在投标截止时间前投标保证金被扣款成功，否则其投标文件将被否决；选择线下支付缴纳投标保证金时，在投标截止时间前，投标保证金须成功汇至招标代理机构银行账户上，否则其投标文件将被否决；选择银行保函作为投标保证金时，在投标截止时间前，银行保函原件必须随纸质投标文件一起递交招标代理机构，否则其投标将被否决。 **4. 退还信息** “投标保证金退还信息及中标服务费交纳承诺书”原件应单独密封，并在封面注明“投标保证金退还信息”，随投标文件一同递交。 **5. 投标保证金收款信息：** 开户银行：工商银行北京中环广场支行 账号：0200209519200005317 行号：20956 开户名称：三峡国际招标有限责任公司 汇款用途：BZJ
3. 4. 3	投标保证金的退还	**1. 使用在线支付或线下支付投标保证金方式：** 未中标投标人的投标保证金，将在中标人和招标人签订书面合同后 5 日内予以退还，并同时退还投标保证金利息；中标人的投标保证金将在其与招标人签订书面合同并提供履约担保（如招标文件有要求）、由招标代理机构扣除中标服务费用后 5 日内将余额退还（如不足，需在接到招标代理机构通知后 5 个工作日内补足差额）。 投标保证金利息按收取保证金之日的中国人民银行同期活期存款利率计息，遇利率调整不分段计息。存款利息计算时，本金以“元”为起息点，利息的金额也算至元位，元位以下四舍五入。按投标保证金存放期间计算利息，存放期间一律算头不算尾，即从开标日起算至退还之日前一天止；全年按 360 天，每月均按 30 天计算。 **2. 使用银行保函方式：** 未中标投标人的银行保函原件，将在中标人和招标人签订书面合同后 5 日内退还；中标人的保函将在中标人和招标人签订书面合同、提供履约担保（如招标文件有要求）且支付中标服务费后 5 日内无息退还。
3. 5. 2	近年财务状况的年份要求	____年，____年至____年
3. 5. 3	近年完成的类似项目的年份要求	____年，____年____月____日至____年____月____日
3. 5. 5	近年发生的诉讼及仲裁情况的年份要求	____年，____年____月____日至____年____月____日
3. 5. 7	证明满足其他资格条件所需的证明材料	应提供以下证明材料：

续表

条款号	条款名称	编列内容
3.5.8	资格审查时提供原件	□不需要 □需要，包括以下原件：
3.6	是否允许递交备选投标方案	□不允许 □允许
3.7.2	现场递交投标文件份数	现场递交纸质投标文件正本1份、副本__份和电子版__份（U盘）。
3.7.3	纸质投标文件签字或盖章要求	按招标文件第七章“投标文件格式”要求，签字或盖章。
3.7.4	纸质投标文件装订要求	纸质投标文件应按以下要求装订：装订应牢固、不易拆散和换页，不得采用活页装订。
3.7.5	现场递交的投标文件电子版（U盘）格式	投标报价应使用.xlsx进行编制，其他部分的电子版文件可用.docx、.xlsx或PDF等格式进行编制。
3.7.6	网上提交的电子投标文件中的格式	第七章“投标文件格式”中的投标函和授权委托书采用签字盖章后的彩色扫描件；其他部分的电子版文件应采用.docx、.xlsx或PDF格式进行编制。
4.1.2	封套上写明	项目名称： 招标编号： 在____年____月____日____时____分（投标文件截止时间）前不得开启。 投标人名称：
4.2	投标文件的递交	本条款补充内容如下： 投标文件分为网上提交和现场递交两部分。 （1）网上提交 应按照中国长江三峡集团有限公司电子采购平台（以下简称“电子采购平台”）的要求将编制好的文件加密后上传至电子采购平台，具体操作方法详见（http：//epp.ctg.com.cn）网站中“使用指南”。 （2）现场递交 投标人应将纸质投标文件的正本、副本、电子版、投标保证金退还信息和银行保函原件（如有）分别密封递交。纸质版、电子版应包含投标文件的全部内容。
4.2.2	投标文件网上提交	网上提交：中国长江三峡集团有限公司电子采购平台（http：//epp.ctg.com.cn/）。 （1）电子采购平台提供了投标文件各部分内容的上传通道，其中： “投标保证金支付凭证”应上传投标保证金汇款凭证、“投标保证金退还信息及中标服务费交纳承诺书”以及银行保函（如有）彩色扫描件；“评标因素应答对比表”本项目不适用。 （2）电子采购平台中的“商务文件”（2个通道）、“技术文件”（2个通道）、“投标报价文件”（1个通道）和“其他文件”（1个通道），每个通道最大上传文件容量为100M。商务文件、技术文件超过最大上传容量时，投标人可将资格审查资料、图纸文件从“其他文件”通道进行上传；若容量仍不能满足，则将未上传的部分在投标文件格式文件十中进行说明，并将未上传部分包含在现场提交的电子文件中。

续表

条款号	条款名称	编列内容
4.2.3	投标文件现场递交地点	现场递交至：
4.2.4	是否退还投标文件	□否 □是
4.5	是否投标样品	□否 □是，具体要求：
5.1	开标时间和地点	开标时间：同投标截止时间 开标地点：同现场递交投标文件地点
7.2	中标候选人公示	招标人在中国招标投标公共服务平台（http://www.cebpubservice.com）、中国长江三峡集团有限公司电子采购平台（http://epp.ctg.com.cn/）网站上公示中标候选人，公示期3个工作日。
7.4.1	履约担保	履约担保的形式：银行保函或保证金 履约担保的金额：签约合同价的______% 开具履约担保的银行：须招标人认可，否则视为投标人未按招标文件规定提交履约担保，投标保证金将不予退还。 （备注：300万元及以上的合同，签订前必须提供履约保函；300万元以下的合同，可按项目实际情况明确是否需要履约保函。）
10	需要补充的其他内容	
10.1	知识产权	构成本招标文件各个组成部分的文件，未经招标人书面同意，投标人不得擅自复印和用于非本招标项目所需的其他目的。招标人全部或者部分使用未中标人投标文件中的技术成果或技术方案时，需征得其书面同意，并不得擅自复印或提供给第三人。
10.2	电子注册	投标人必须登录中国长江三峡集团有限公司电子采购平台（http://epp.ctg.com.cn）进行免费注册。 未进行注册的投标人，将无法参加投标报名并获取进一步的信息。 本项目投标文件的网上提交部分需要使用电子身份认证（CA）加密后上传至本电子采购平台（标书购买阶段不需使用电子钥匙），本电子采购平台的相关电子身份认证（CA）须在北京天威诚信电子商务服务有限公司指定网站办理（网址是：http://sanxia.szzsfw.com/），请潜在投标人及时办理，并在投标截止时间至少3日前确认电子钥匙的使用可靠性，因此导致的影响投标或投标文件被拒收的后果，由投标人自行承担。 具体办理方法：一、请登录电子采购平台（http://epp.ctg.com.cn/）在右侧点击“使用指南”，之后点击“CA电子钥匙办理指南V1.1”，下载PDF文件后查看办理方法；二、请直接登录指定网站（http://sanxia.szzsfw.com/），点击右上角用户注册，注册用户名及密码，之后点击“立即开始数字证书申请”，按照引导流程完成办理。（温馨提示：电子钥匙办理完成网上流程后需快递资料，办理周期从快递到件计算5个工作日完成。已办理电子钥匙的请核对有效期，必要时及时办理延期！）

续表

条款号	条款名称	编列内容
10.3	投标人须遵守的国家法律法规和规章，及中国长江三峡集团有限公司相关管理制度和标准	
10.3.1	国家法律法规和规章	投标人在投标活动中须遵守包括但不限于以下法律法规和规章： (1)《中华人民共和国合同法》 (2)《中华人民共和国民法通则》 (3)《中华人民共和国招标投标法》 (4)《中华人民共和国招标投标法实施条例》 (5)《工程建设项目货物招标投标办法》(国家计委令第 27 号) (6)《工程建设项目招标投标活动投诉处理办法》(国家发展改革委等 7 部门令第 11 号) (7)《关于废止和修改部分招标投标规章和规范性文件的决定》(国家发展改革委等 9 部门令第 23 号)
10.3.2	中国长江三峡集团有限公司相关管理制度	投标人在投标活动中须遵守以下中国长江三峡集团有限公司相关管理制度： (1)《中国长江三峡集团有限公司供应商信用评价管理办法》 (2) 中国长江三峡集团有限公司供应商信用评价结果的有关通知（登录中国长江三峡集团有限公司电子采购平台：http://epp.ctg.com.cn，之后点击“通知通告”)
10.3.3	中国长江三峡集团有限公司相关企业标准	三峡企业标准：____________ 查阅网址：
10.4	投标人和其他利害关系人认为本次招标活动中涉及个人违反廉洁自律规定的，可通过招标公告中的招标采购监督电话等方式举报	

1　总则

1.1　项目概况

1.1.1　根据《中华人民共和国招标投标法》等有关法律、法规和规章的规定，本招标项目已具备招标条件，现对本项目进行招标。

1.1.2　本招标项目招标人：见投标人须知前附表。

1.1.3　本招标项目招标代理机构：见投标人须知前附表。

1.1.4　本招标项目名称：见投标人须知前附表。

1.1.5　本招标项目概况：见投标人须知前附表。

1.2　资金来源和落实情况

1.2.1　本招标项目的资金来源：见投标人须知前附表。

1.2.2　本招标项目的出资比例：见投标人须知前附表。

1.2.3　本招标项目的资金落实情况：见投标人须知前附表。

1.3　招标范围、交货要求、质量要求

1.3.1　本次招标范围：见投标人须知前附表。

1.3.2 本招标项目的交货要求：见投标人须知前附表。

1.3.3 本招标项目的质量要求：见投标人须知前附表。

1.4 投标人资格要求（适用于已进行资格预审的）

投标人应是收到招标人发出投标邀请书的单位。

1.4 投标人资格要求（适用于未进行资格预审的）

1.4.1 投标人应具备承担本招标项目的资质条件、能力和信誉。相关资质要求如下：

（1）资质条件：见投标人须知前附表；

（2）业绩要求：见投标人须知前附表；

（3）信誉要求：见投标人须知前附表；

（4）财务要求：见投标人须知前附表；

（5）其他要求：见投标人须知前附表。

1.4.2 投标人须知前附表规定接受联合体投标的，除应符合本章第 1.4.1 项和投标人须知前附表的要求外，还应遵守以下规定：

（1）联合体各方应按招标文件提供的格式签订联合体协议书，明确联合体牵头人和各成员方权利义务；

（2）由同一专业的单位组成的联合体，按照资质等级较低的单位确定联合体的资质等级；

（3）联合体各方不得再以自己名义单独或参加其他联合体在同一标段中投标。

1.4.3 投标人不得存在下列情形之一：

（1）为招标人不具有独立法人资格的附属机构（单位）；

（2）被责令停业的；

（3）被暂停或取消投标资格的；

（4）财产被接管或冻结的；

（5）在最近三年内有骗取中标或严重违约或投标设备存在重大质量问题的；

（6）投标人处于中国长江三峡集团有限公司限制投标的专业范围及期限内。

1.4.4 投标人不能作为其他投标人的分包人同时参加投标；单位负责人为同一人或者存在控股、管理关系的不同单位，不得参加同一标段投标或者未划分标段的同一招标项目投标。

1.4.5 投标人须知前附表规定接受代理商投标的，应符合本章第 1.4.1 项和投标人须知前附表的要求。

1.5 费用承担

投标人在本次投标过程中所发生的一切费用，不论中标与否，均由投标人自行承担，招标人和招标代理机构在任何情况下均无义务和责任承担这些费用。本项目招标

工作由三峡国际招标有限责任公司作为招标代理机构负责组织，中标服务费用由中标人向招标代理机构支付，具体金额按照下表（中标服务费收费标准）计算执行。投标人投标费用中应包含拟支付给招标代理机构的中标服务费，该费用在投标报价表中不单独出项。收费类型见投标人须知前附表。

中标服务费用在合同签订后5日内，由招标代理机构直接从中标人的投标保证金中扣付。投标保证金不足支付中标服务费用时，中标人应补足差额。招标代理机构收取中标服务费用后，向中标人开具相应金额的服务费发票。

中标服务费收费标准

服费务类型	工程类	货物类	服务类
中标金额（万元）			
100以下	1.00%	1.50%	1.50%
100—500	0.70%	1.10%	0.80%
500—1000	0.55%	0.80%	0.45%
1000—5000	0.35%	0.50%	0.25%
5000—10000	0.20%	0.25%	0.10%
10000—50000	0.05%	0.05%	0.05%
50000—100000	0.035%	0.035%	0.035%
100000—500000	0.008%	0.008%	0.008%
500000—1000000	0.006%	0.006%	0.006%
1000000以上	0.004%	0.004%	0.004%

注：中标服务费按差额定率累进法计算。例如：某货物类招标代理业务中标金额为900万元，计算中标服务费如下：

100×1.5%=1.5万元

(500—100）×1.1%=4.4万元

(900—500）×0.80%=3.2万元

合计收费=1.5+4.4+3.2=9.1万元

1.6　保密

参与招标投标活动的各方应对招标文件和投标文件中的商业和技术等秘密保密，违者应对由此造成的后果承担法律责任。

1.7　语言文字

1.7.1　招标投标文件使用的语言文字为中文。专用术语使用外文的，应附有中文注释。

1.7.2　投标人与招标人之间就投标交换的所有文件和来往函件，均应用中文书写。

1.7.3　如果投标人提供的任何印刷文献和证明文件使用其他语言文字，则应将有关段落译成中文一并附上，如有差异，以中文为准。投标人应对译文的正确性负责。

1.8　计量单位

所有计量均采用中华人民共和国法定计量单位。

1.9 踏勘现场

1.9.1 投标人须知前附表规定组织踏勘现场的，招标人按投标人须知前附表规定的时间、地点组织投标人踏勘项目现场。

1.9.2 投标人踏勘现场发生的费用自理。

1.9.3 除招标人的原因外，投标人自行负责在踏勘现场中所发生的人员伤亡和财产损失。

1.9.4 招标人在踏勘现场中介绍的工程场地和相关的周边环境情况，供投标人在编制投标文件时参考，招标人不对投标人据此做出的判断和决策负责。

1.10 投标预备会

1.10.1 投标人须知前附表规定召开投标预备会的，招标人按投标人须知前附表规定的时间和地点召开投标预备会，澄清投标人提出的问题。

1.10.2 投标人应在投标人须知前附表规定的时间前，在电子采购平台上以电子文件的形式将提出的问题送达招标人，以便招标人在会议期间澄清。

1.10.3 投标预备会后，招标人在投标人须知前附表规定的时间内，将对投标人所提问题的澄清，在电子采购平台上以电子文件的形式通知所有购买招标文件的投标人。该澄清内容为招标文件的组成部分。

1.10.4 招标人在会议期间澄清仅供投标人在编制投标文件时参考，招标人不对投标人据此做出的判断和决策负责。

1.11 提交偏差表

1.11.1 投标人应对招标文件的要求做出实质性的响应。如有偏差应逐条提出，并按投标文件的格式要求提出商务、技术偏差。

1.11.2 投标人对招标文件前附表中规定的内容提出负偏差将被认为是对招标文件的非实质性响应，其投标文件将被否决。

1.11.3 按投标文件格式提出偏差仅仅是为了招标人评标方便。但未在其投标文件中提出偏差的条款或部分，应视为投标人完全接受招标文件的规定。

2 招标文件

2.1 招标文件的组成

2.1.1 本招标文件包括：

第一章，招标公告/投标邀请书；

第二章，投标人须知；

第三章，评标办法；

第四章，合同条款及格式；

第五章，投标报价表；

第六章，技术规范；

第七章，投标文件格式。

2.1.2　根据本章第 1.10 款、第 2.2 款和第 2.3 款对招标文件所做的澄清、修改，构成招标文件的组成部分。

2.2　招标文件的澄清

2.2.1　投标人应仔细阅读和检查招标文件的全部内容。如发现缺页或附件不全，应及时向招标人提出，以便补齐。如有疑问，应在投标人须知前附表规定的时间前在电子采购平台上以电子文件形式，要求招标人对招标文件予以澄清。

2.2.2　招标文件的澄清将在投标人须知前附表规定的投标截止时间 15 天前在电子采购平台上以电子文件形式发给所有购买招标文件的投标人，但不指明澄清问题的来源。如果澄清发出的时间距投标截止时间不足 15 天，并且澄清内容影响投标文件编制的，招标人相应延长投标截止时间。

2.2.3　投标人在收到澄清后，应在投标人须知前附表规定的时间内以书面形式通知招标人，确认已收到该澄清。未及时确认的，将根据电子采购平台下载记录默认潜在投标人已收到该澄清文件。

2.3　招标文件的修改

2.3.1　在投标截止时间 15 天前，招标人在电子采购平台上以电子文件形式修改招标文件，并通知所有已购买招标文件的投标人。如果修改招标文件的时间距投标截止时间不足 15 天，并且修改内容影响投标文件编制的，招标人相应延长投标截止时间。

2.3.2　投标人收到修改内容后，应在投标人须知前附表规定的时间内以书面形式通知招标人，确认已收到该修改。未及时确认的，将根据电子采购平台下载记录默认潜在投标人已收到该修改文件。

3　投标文件

3.1　投标文件的组成

3.1.1　投标文件应包括下列内容：

（1）投标函；

（2）授权委托书、法定代表人身份证明；

（3）联合体协议书（如有）；

（4）投标保证金；

（5）投标报价表；

（6）技术方案；

（7）偏差表；

（8）拟分包（外购）项目情况表

（9）资格审查资料；

（10）构成投标文件的其他材料。

3.1.2 投标人须知前附表规定不接受联合体投标的，或投标人没有组成联合体的，投标文件不包括本章第3.1.1（3）目所指的联合体协议书。

3.2 投标报价

3.2.1 投标人应按第五章“投标报价表”的要求填写相应表格。

3.2.2 投标人在投标截止时间前修改投标函中的投标总报价，应同时修改第五章“投标报价表”中的相应报价，投标报价总额为各分项金额之和。此修改须符合本章第4.3款的有关要求。

3.2.3 招标人设有最高投标限价的，投标人的投标报价不得超过最高投标限价，最高投标限价或其计算方法在投标人须知前附表中载明。

3.3 投标有效期

3.3.1 在投标人须知前附表规定的投标有效期内，投标人不得要求撤销或修改其投标文件。

3.3.2 出现特殊情况需要延长投标有效期的，招标人在电子采购平台上以电子文件形式通知所有投标人延长投标有效期。投标人同意延长的，应相应延长其投标保证金的有效期，但不得要求或被允许修改或撤销其投标文件；投标人拒绝延长的，其投标失效，但投标人有权收回其投标保证金。

3.4 投标保证金

3.4.1 投标人在递交投标文件的同时，应按投标人须知前附表规定的金额、担保形式和第七章“投标文件格式”规定的投标保证金格式递交投标保证金，并作为其投标文件的组成部分。联合体投标的，其投标保证金由牵头人递交，并应符合投标人须知前附表的规定。

3.4.2 投标人不按本章第3.4.1项要求提交投标保证金的，其投标将被否决。

3.4.3 招标代理机构按投标人须知前附表的规定退还投标保证金。

3.4.4 有下列情形之一的，投标保证金将不予退还：

（1）投标人在规定的投标有效期内撤销或修改其投标文件；

（2）中标人在收到中标通知书后，无正当理由拒签合同协议书或未按招标文件规定提交履约担保。

3.5 资格审查资料（适用于已进行资格预审的）

投标人在编制投标文件时，应按新情况更新或补充其在申请资格预审时提供的资

料，以证实其各项资格条件仍能继续满足资格预审文件的要求，具备承担本招标项目的资质条件、能力和信誉。

3.5　资格审查资料（适用于未进行资格预审的）

3.5.1　“投标人基本情况表”应附投标人营业执照副本、资质证书副本、检测报告和特殊行政许可证等要求材料的扫描件。

3.5.2　“近年财务状况表”应附经会计师事务所或审计机构审计的财务会计报表，包括资产负债表、现金流量表、利润表和财务情况说明书的复印件，具体年份要求见投标人须知前附表。

3.5.3　“近年完成的类似项目情况表”应附中标通知书和（或）合同协议书、验收报告的扫描件，具体年份要求见投标人须知前附表。每张表格只填写一个项目，并标明序号。

3.5.4　“正在实施和新承接的项目情况表”应附中标通知书和（或）合同协议书扫描件。每张表格只填写一个项目，并标明序号。

3.5.5　“近年发生的诉讼及仲裁情况”应说明相关情况，并附法院或仲裁机构做出的判决、裁决等有关法律文书复印件，具体年份要求见投标人须知前附表。

3.5.6　投标人须知前附表规定接受联合体投标的，本章第3.5.1项至第3.5.5项规定的表格和资料应包括联合体各方相关情况。

3.5.7　证明满足其他资格条件所需的证明材料，包括通过质量、安全、环保认证材料，相关人员的资格证明文件等。具体要求见投标人须知前附表。

3.5.8　资格审查时需要提供原件核验的要求见投标人须知前附表。

3.6　备选投标方案

除投标人须知前附表另有规定外，投标人不得递交备选投标方案。允许投标人递交备选投标方案的，只有中标人所递交的备选投标方案方可予以考虑。评标委员会认为中标人的备选投标方案优于其按照招标文件要求编制的投标方案的，招标人可以接受该备选投标方案。

3.7　投标文件的编制

3.7.1　投标文件应按第七章“投标文件格式”进行编写，如有必要，可以增加附页，作为投标文件的组成部分。其中，投标函在满足招标文件实质性要求的基础上，可以提出比招标文件要求更有利于招标人的承诺。

3.7.2　投标文件包括网上提交的电子文件、纸质文件和现场递交的投标文件电子版（U盘），具体数量要求见投标人须知前附表。

3.7.3　纸质投标文件应用不褪色的材料书写或打印，并由投标人的法定代表人或其委托代理人签字或盖单位章。委托代理人签字的，投标文件应附法定代表人签署的授权委托

书。投标文件应尽量避免涂改、行间插字或删除。如果出现上述情况，改动之处应加盖单位章或由投标人的法定代表人或其授权的代理人签字确认。所有投标文件均需使用阿拉伯数字从前至后逐页编码。签字或盖章的具体要求见投标人须知前附表。

3.7.4 现场递交的纸质投标文件的正本与副本应分别装订成册，具体装订要求见投标人须知前附表规定。

3.7.5 现场递交的投标文件电子版（U 盘）应为未加密的电子文件，并应按照投标人须知前附表规定的格式进行编制。

3.7.6 网上提交的电子投标文件应按照投标人须知前附表规定格式进行编制。

4 投标

4.1 投标文件的密封和标记

4.1.1 投标文件现场递交部分应进行密封包装，并在封套的封口处加盖投标人单位章；网上提交的电子投标文件应加密后递交。

4.1.2 投标文件现场递交部分的封套上应写明的内容见投标人须知前附表。

4.1.3 未按本章第 4.1.1 项或第 4.1.2 项要求密封和加写标记的投标文件，招标人不予受理。

4.2 投标文件的递交

4.2.1 投标人应在投标人须知前附表规定的投标截止时间前分别在网上提交和现场递交投标文件。

4.2.2 投标文件网上提交：投标人应按照投标人须知前附表要求将编制好的投标文件加密后上传至电子采购平台，具体操作方法详见（http：//epp.ctg.com.cn）网站中“使用指南”。

4.2.3 投标人现场递交投标文件（包括纸质版和电子版）的地点：见投标人须知前附表。

4.2.4 除投标人须知前附表另有规定外，投标人所递交的投标文件不予退还。

4.2.5 在投标截止时间前，现场递交的投标文件未送达到指定地点或者网上提交的投标文件未成功上传至电子采购平台，招标人不予受理。

4.3 投标文件的修改与撤回

4.3.1 在本章第 2.2.2 项规定的投标截止时间前，投标人可以修改或撤回已递交的投标文件，但应以书面形式通知招标人。

4.3.2 投标人如要修改投标文件，必须在修改后再重新上传电子文件；现场递交的投标文件也要做出相应修改。投标人修改或撤回已递交投标文件的书面通知应按照本章第 3.7.3 项的要求签字或盖章。招标人收到书面通知后，向投标人出具签收凭证。

4.3.3　修改的内容为投标文件的组成部分。修改的投标文件应按照本章第 3 条、第 4 条规定进行编制、密封、标记和递交，并标明“修改”字样。

4.3.4　投标人撤回投标文件的，招标人自收到投标人书面撤回通知之日起 5 日内退还已收取的投标保证金。

4.4　投标文件的有效性

4.4.1　当网上提交和现场递交的投标文件内容不一致时，以网上提交的投标文件为准。

4.4.2　当现场递交的投标文件电子版与投标文件纸质版正本内容不一致时，以投标文件纸质版正本为准。

4.4.3　当电子采购平台上传的投标文件全部或部分解密失败或发生第 5.3 项紧急情形时，经监督人或公证人确认后，以投标文件纸质版正本为准。

4.5　投标样品

4.5.1　除投标人须知前附表另有规定外，投标人应提交能反映货物材质或关键部分的样品，同时应提交“样品清单”。

4.5.2　为方便评标，投标人在提供样品时，应使用透明的外包装或尽量少用外包装，但必须在所提供的样品表面显著位置标注投标人的名称、包号、样品名称、招标文件规定的货物编号。

4.5.3　样品作为投标文件的一部分，除非另有说明，中标单位的样品不再退还，未中标单位须在中标公告发布后五个工作日内，前往招标机构领取投标样品，逾期不领，招标机构将不再承担样品的保管责任，由此引发的样品丢失、毁损，招标机构不予负责。

5　开标

5.1　开标时间和地点

招标人在本章第 2.2.2 项规定的投标截止时间（开标时间）和投标人须知前附表规定的地点公开开标，并邀请所有投标人的法定代表人或其委托代理人准时参加。

5.2　开标程序（适用于电子开标）

招标人在规定的时间内，通过电子采购平台开评标系统，按下列程序进行开标：

（1）宣布开标程序及纪律；

（2）公布在投标截止时间前递交投标文件的投标人名称，并点名确认投标人是否派人到场；

（3）宣布开标人、记录人、监督人或公证人等人员姓名；

（4）监督人或公证人检查投标文件的递交及密封情况；

（5）根据检查情况，对未按招标文件要求递交投标文件的投标人，或已递交了一

封可接受的撤回通知函的投标人，将在电子采购平台中进行不开标设置；

（6）设有标底的，公布标底；

（7）宣布进行电子开标，显示投标总价解密情况，如发生投标总价解密失败，将对解密失败的按投标文件纸质版正本进行补录；

（8）显示开标记录表；（如果投标人电子开标总报价明显存在单位错误或数量级差别，在投标人当场提出异议后，按其纸质投标文件正本进行开标，评标时评标委员会根据其网上提交的电子投标文件进行总报价复核。）

（9）公证人员宣读公证词；

（10）宣布评标期间注意事项；

（11）投标人代表等有关人员在开标记录上签字确认（有公证时，不适用）；

（12）开标结束。

5.3　开标程序（适用于纸质投标文件开标）

主持人按下列程序进行开标：

（1）宣布开标纪律；

（2）公布在投标截止时间前递交投标文件的投标人名称，并点名确认投标人是否派人到场；

（3）宣布开标人、唱标人、记录人、监督人或公证人等有关人员姓名；

（4）监督人或公证人检查投标文件的递交及密封情况；

（5）确定并宣布投标文件开标顺序；

（6）设有标底的，公布标底；

（7）按照宣布的开标顺序当众开标，公布投标人名称、项目及标段名称、投标报价及其他内容，并记录在案；

（8）公证人员宣读公证词；

（9）宣布评标期间注意事项；

（10）投标人代表等有关人员在开标记录上签字确认（有公证时，不适用）；

（11）开标结束。

5.4　电子招投标的应急措施

5.4.1　开标前出现以下情况，导致投标人不能完成网上提交电子投标文件的紧急情形，招标代理机构在开标截止时间前收到电子钥匙办理单位书面证明材料时，采用纸质投标文件正本进行报价补录。

（1）电子钥匙非人为故意损坏；

（2）因电子钥匙办理单位原因导致电子钥匙办理来不及补办。

5.4.2　当电子采购平台出现下列紧急情形时，采用纸质投标文件正本进行开标：

（1）系统服务器发生故障，无法访问或无法使用系统；

（2）系统的软件或数据库出现错误，不能进行正常操作；

（3）系统发现有安全漏洞，有潜在的泄密危险；

（4）病毒发作或受到外来病毒的攻击；

（5）投标文件解密失败；

（6）其他无法进行正常电子开标的情形。

5.5　开标异议

如投标人对开标过程有异议的，应在开标会议现场当场提出，招标人现场进行答复，由开标工作人员进行记录。

5.6　开标监督与结果

5.6.1　开标过程中，各投标人应在开标现场见证开标过程和开标内容，开标结束后，将在电子采购平台上公布开标记录表，投标人可在开标当日登录电子采购平台查看相关开标结果。

5.6.2　无公证情况时，不参加现场开标仪式或开标结束后拒绝在开标记录表上签字确认的投标人，视为默认开标结果。

5.6.3　未在开标时开封和宣读的投标文件，不论情况如何均不能进入进一步的评审。

6　评标

6.1　评标委员会

6.1.1　评标由招标人依法组建的评标委员会负责。评标委员会由招标人或其委托的招标代理机构熟悉相关业务的代表，以及有关技术、经济等方面的专家组成。

6.1.2　评标委员会成员有下列情形之一的，应当回避：

（1）投标人或投标人的主要负责人的近亲属；

（2）项目行政主管部门或者行政监督部门的人员；

（3）与投标人有经济利益关系，可能影响对投标公正评审的；

（4）曾因在招标、评标以及其他与招标投标有关活动中从事违法行为而受过行政处罚或刑事处罚的；

（5）与投标人有其他利害关系。

6.2　评标原则

评标活动遵循公平、公正、科学和择优的原则。

6.3　评标

评标委员会按照第三章“评标办法”规定的方法、评审因素、标准和程序对投标文件进行评审。第三章“评标办法”没有规定的方法、评审因素和标准，不作为评标依据。

7 合同授予

7.1 定标方式

招标人依据评标委员会推荐的中标候选人确定中标人。

7.2 中标候选人公示

招标人在投标人须知前附表规定的媒介公示中标候选人。

7.3 中标通知

在本章第 3.3 款规定的投标有效期内，招标人以书面形式向中标人发出中标通知书，同时将中标结果通知未中标的投标人。

7.4 履约担保

7.4.1 中标人应按投标人须知前附表规定的金额、担保形式和招标文件第四章“合同条款及格式”规定的履约担保格式及时间要求向招标人提交履约担保。联合体中标的，其履约担保由牵头人递交，并应符合投标人须知前附表规定的金额、担保形式和招标文件第四章“合同条款及格式”规定的履约担保格式要求。

7.4.2 中标人不能按本章第 7.4.1 项要求提交履约担保的，视为放弃中标，其投标保证金不予退还，给招标人造成的损失超过投标保证金数额的，中标人还应当对超过部分予以赔偿。

7.5 签订合同

7.5.1 招标人和中标人应当自中标通知书发出之日起 30 天内，根据招标文件和中标人的投标文件订立书面合同。中标人无正当理由拒签合同的，招标人取消其中标资格，其投标保证金不予退还；给招标人造成的损失超过投标保证金数额的，中标人还应当对超过部分予以赔偿。

7.5.2 发出中标通知书后，招标人无正当理由拒签合同的，招标人向中标人退还投标保证金；给中标人造成损失的，还应当赔偿损失。

8 重新招标和不再招标

8.1 重新招标

有下列情形之一的依法必须招标的项目，招标人将重新招标：

（1）投标截止时间止，投标人少于 3 名的；

（2）经评标委员会评审后否决所有投标的；

（3）国家相关法律法规规定的其他重新招标情形。

8.2 不再招标

重新招标后投标人仍少于 3 名或者所有投标被否决的，不再进行招标。

9　纪律和监督

9.1　对招标人的纪律要求

招标人不得泄露招标投标活动中应当保密的情况和资料，不得与投标人串通损害国家利益、社会公共利益或者他人合法权益。

9.2　对投标人的纪律要求

9.2.1　投标人不得相互串通投标或者与招标人串通投标，不得向招标人或者评标委员会成员行贿谋取中标，不得以他人名义投标或者以其他方式弄虚作假骗取中标；投标人不得以任何方式干扰、影响评标工作，或以不正当手段获取招标人评标的有关信息，一经查实，招标人将否决其投标。

9.2.2　如果投标人存在失信行为，招标人除报告国家有关部门由其进行处罚外，招标人还将根据《中国长江三峡集团有限公司供应商信用评价管理办法》中的相关规定对其进行处理。

9.3　对评标委员会成员的纪律要求

评标委员会成员不得收受他人的财物或者其他好处，不得向他人透漏对投标文件的评审和比较、中标候选人的推荐情况以及评标有关的其他情况。在评标活动中，评标委员会成员不得擅离职守，影响评标程序正常进行，不得使用第三章“评标办法”没有规定的评审因素和标准进行评标。

9.4　对与评标活动有关的工作人员的纪律要求

与评标活动有关的工作人员不得收受他人的财物或者其他好处，不得向他人透漏对投标文件的评审和比较、中标候选人的推荐情况以及评标有关的其他情况。在评标活动中，与评标活动有关的工作人员不得擅离职守，影响评标程序正常进行。

9.5　异议处理

9.5.1　异议必须由投标人或者其他利害关系人以实名提出，在下述异议提出有效期间内以书面形式按照招标文件规定的联系方式提交给招标人。为保证正常的招标秩序，异议人须按本章第 9.5.2 项要求的内容提交异议。

（1）对资格预审文件有异议的，应在提交资格预审申请文件截止时间 2 日前提出；对招标文件及其修改和补充文件有异议的，应在投标截止时间 10 日前提出；

（2）对开标有异议的，应在开标现场提出；

（3）对中标结果有异议的，应在中标候选人公示期间提出。

9.5.2　异议书应当以书面形式提交（如为传真或者电邮，需将异议书原件同时以特快专递或者派人送达招标人），异议书应当至少包括下列内容：

（1）异议人的名称、地址及有效联系方式；

（2）异议事项的基本事实（异议事项必须具体）；

（3）相关请求及主张（主张必须明确，诉求清楚）；

（4）有效线索和相关证明材料（线索必须有效且能够查证，证明材料必须真实有效，且能够支持异议人的主张或者诉求）。

9.5.3　异议人是投标人的，异议书应由其法定代表人或其委托代理人签订并盖章。异议人若是其他利害关系人，属于法人的，异议书必须由其法定代表人或其委托代理人签字并盖章；属于其他组织或个人的，异议书必须由其主要负责人或异议人本人签字，并附有效身份证明复印件。

9.5.4　招标人只对投标人或者其他利害关系人提交了合格异议书的异议事项进行处理，并于收到异议书 3 日内做出答复。异议书不是投标人或者其他利害关系人提出的，异议书内容或者形式不符合第 9.5.2 项要求的，招标人可不受理。

9.5.5　招标人对异议事项做出处理后，异议人若无新的证据或者线索，不得就所提异议事项再提出异议。除开标外，异议人自收到异议答复之日起 3 日内应进行确认并反馈意见，若超过此时限，则视同异议人同意答复意见，招标及采购活动可继续进行。

9.5.6　经招标人查实，若异议人以提出异议为名进行虚假、恶意异议的，阻碍或者干扰了招标投标活动的正常进行，招标人将对异议人做出如下处理：

（1）如果异议人为投标人，将异议人的行为作为不良信誉记录在案。如果情节严重，给招标人带来重大损失的，招标人有权追究其法律责任，并要求其赔偿相应的损失，自异议处理结束之日起 3 年内禁止其参加招标人组织的招标活动。

（2）对其他利害关系人招标人将保留追究其法律责任的权利，并记录在案。

9.6　投诉

投标人和其他利害关系人认为本次招标活动违反法律、法规和规章规定的，有权向有关行政监督部门投诉。

10　需要补充的其他内容

需要补充的其他内容：见投标人须知前附表。

附件一：开标记录表

______________________________（项目名称）

开标一览表

招标编号：　　　　　　　　　　　　　　　　标段名称：
开标时间：　　　　　　　　　　　　　　　　开标地点：

序号	投标人名称	投标报价（元）	备　注
1			
2			
3			
4			
5			
6			
7			
8			
9			
……			

备注：
记录人：　　　　　　　　　　　　监督人：　　　　　　　　　　　　公证人：

附件二：问题澄清通知

______________项目问题澄清通知

编号：______

______________________（投标人名称）：

现将本项目评标委员会在审查贵单位投标文件后所提出的澄清问题以传真（邮件）的形式发给贵方，请贵方在收到该问题清单后逐一做出相应的书面答复，澄清答复文件的签署要求与投标文件相同，并请于________年______月______日______时前将澄清答复文件传真至三峡国际招标有限责任公司。此外该澄清答复文件电子版还应以电子邮件的形式传给我方，邮箱地址：______________。未按时送交澄清答复文件的投标人将不能进入下一步评审。

附：澄清问题清单

1.

2.

……

____________招标评标委员会

________年____月____日

附件三：问题的澄清

________________（项目名称）问题的澄清

编号：________

________________（项目名称）招标评标委员会：

问题澄清通知（编号：______________）已收悉，现澄清如下：

1.

2.

……

投标人：____________________（盖单位章）

法定代表人或其委托代理人：______________（签字）

________年____月____日

附件四：中标候选人公示和中标结果公示

（项目及标段名称）中标候选人公示

（招标编号：　　　　　）

<table>
<tr><td>招标人</td><td colspan="2"></td><td>招标代理机构</td><td colspan="2">三峡国际招标有限责任公司</td></tr>
<tr><td>公示开始时间</td><td colspan="2"></td><td>公示结束时间</td><td colspan="2"></td></tr>
<tr><td colspan="2">内容</td><td>第一中标候选人</td><td colspan="2">第二中标候选人</td><td>第三中标候选人</td></tr>
<tr><td colspan="2">1. 中标候选人名称</td><td></td><td colspan="2"></td><td></td></tr>
<tr><td colspan="2">2. 投标报价</td><td></td><td colspan="2"></td><td></td></tr>
<tr><td colspan="2">3. 质量</td><td></td><td colspan="2"></td><td></td></tr>
<tr><td colspan="2">4. 工期（交货期）</td><td></td><td colspan="2"></td><td></td></tr>
<tr><td colspan="2">5. 评标情况</td><td></td><td colspan="2"></td><td></td></tr>
<tr><td colspan="2">6. 资格能力条件</td><td></td><td colspan="2"></td><td></td></tr>
<tr><td rowspan="3">7. 项目负责人情况</td><td>姓名</td><td></td><td colspan="2"></td><td></td></tr>
<tr><td>证书名称</td><td></td><td colspan="2"></td><td></td></tr>
<tr><td>证书编号</td><td></td><td colspan="2"></td><td></td></tr>
<tr><td colspan="2" rowspan="3">8. 提出异议的渠道和方式（投标人或其他利害关系人如对中标候选人有异议，请在中标候选人公示期间以书面形式实名提出，并应由异议人的法定代表人或其授权代理人签字并盖章。对于无异议人名称和地址及有效联系方式、无具体异议事项、主张不明确、诉求不清楚、无有效线索和相关证明材料的异议将不予受理）。</td><td>电话</td><td colspan="2"></td><td></td></tr>
<tr><td>传真</td><td colspan="2"></td><td></td></tr>
<tr><td>Email</td><td colspan="2"></td><td></td></tr>
</table>

（项目及标段名称）中标结果公示

（招标人名称）根据本项目评标委员会的评定和推荐，并经过中标候选人公示，确定本项目中标人如下：

招标编号	项目名称	标段名称	中标人名称

招标人：

招标代理机构：三峡国际招标有限责任公司

日期：

附件五：中标通知书

中标通知书

________________（中标人名称）：

在________________（招标编号：____________）招标中，根据《中华人民共和国招标投标法》等相关法律法规和此次招标文件的规定，经评定，贵公司中标。请在接到本通知后的_______日内与________________联系合同签订事宜。

请在收到本传真后立即向我公司回函确认。谢谢！

合同谈判联系人：

联系电话：

____

____年____月____日

附件六：确认通知

确认通知

______________________（招标人名称）：

我方已接到你方______年____月____日发出的____________________（项目名称）招标关于____________________的通知，我方已于______年____月____日收到。

特此确认。

投标人：____________________（盖单位章）

________年____月____日

第三章　评标办法（经评审的最低投标价法）

评标办法前附表

条款号		评审因素	评审标准
2.1.1	形式评审标准	投标人名称	与营业执照、相关证书一致
		投标函签字盖章	有法定代表人或其委托代理人签字或加盖单位章
		投标文件格式	符合第七章“投标文件格式”的要求
		联合体投标人（如有）	提交联合体协议书，并明确联合体牵头人
		报价唯一	只能有一个有效报价
		……	……
2.1.2	资格评审标准	营业执照	具备有效的营业执照
		生产资质	具备有效的(生产许可证/检验报告……) 扫描件或证明材料
		业绩要求	符合第二章“投标人须知”第 1.4.1 项规定
		信誉要求	符合第二章“投标人须知”第 1.4.1 项规定
		财务要求	符合第二章“投标人须知”第 1.4.1 项规定
		其他要求	符合第二章“投标人须知”第 1.4.1 项规定
		……	……
2.1.3	响应性评审标准	投标内容	符合第二章“投标人须知”第 1.3.1 项规定
		交货进度	符合第二章“投标人须知”第 1.3.2 项规定
		投标有效期	符合第二章“投标人须知”第 3.3.1 项规定
		投标保证金	符合第二章“投标人须知”第 3.4.1 项规定
		权利义务	符合第四章“合同条款及格式”规定
		投标报价表	符合第五章“投标报价表”给出的范围及数量要求
		产品质量	符合第六章“技术规范”的规定
		……	……
3.1.1	初步评审	初步评审短名单确定	按照投标人的报价由低到高排序，当投标人少于 10 名时，选取排序前 5 名进入短名单；当投标人为 10 名及以上时，选取排序前 6 名进入短名单。若进入短名单的投标人未能通过初步评审，或进入短名单投标人有算术错误，经修正后的报价高于其他未进入短名单的投标人报价，则依序递补。如果数量不足 5 名时，按照实际数量选取。
3.2.1	详细评审	详细评审短名单确定	通过初步评审的投标人全部进入详细评审。

续表

条款号		评审因素	评审标准
3.2.2	详细评审标准	投标报价的处理规则	(1) 对于投标人未做说明的报价修改，招标人将把修改后的报价按比例分摊到投标报价的相关各项目（不含暂估价项目）上，调整后的报价对投标人具有约束力。投标人不接受修正价格的，其投标将被否决。 (2) 对于投标人未按招标文件规定进行报价的漏报项目应被视为含在所报价格中，但评标时招标人将把所有进入详细评审的投标人中对该项目的最高报价计入此投标人的此项评标价格。按此款所做的评标价格调整仅用于评标使用。 (3) 如投标人某项目单价明显偏低，经评标委员会认定低于成本价时，则以进入详细评审短名单的所有投标人中该项目最高单价替换此单价，重新计算其经评审的投标价。
条款号		量化因素	量化标准
		……	……

1　评标方法

本次评标采用经评审的最低投标价法。评标委员会对满足招标文件实质要求的投标文件，根据本章第2.2款规定的量化因素及量化标准进行价格折算，按照经评审的投标价由低到高的顺序推荐________名中标候选人，或根据招标人授权直接确定中标人，但投标报价低于其成本的除外。经评审的投标价相等时，投标报价低的优先；投标报价也相等时，注册资本金高的优先；注册资本金也相等的，由招标人自行确定。

2　评审标准

2.1　初步评审标准

2.1.1　形式评审标准：见评标办法前附表。

2.1.2　资格评审标准：见评标办法前附表。

2.1.3　响应性评审标准：见评标办法前附表。

2.2　详细评审标准

详细评审标准：见评标办法前附表。

3　评标程序

3.1　初步评审

3.1.1　初步评审短名单的确定：见评标办法前附表。

3.1.2　评标委员会依据本章第 2.1 款规定的标准对投标文件进行初步评审。有一项不符合评审标准的，其投标将被否决。

3.1.3　投标人有以下情形之一的，其投标应被否决：

（1）第二章“投标人须知”第 1.4.3 项规定的任何一种情形的；

（2）串通投标或弄虚作假或有其他违法行为的；

（3）不按评标委员会要求澄清、说明或补正的。

3.1.4　技术评议时，存在下列情况之一的，评标委员会应当否决其投标：

（1）投标文件不满足招标文件技术规格中加注星号（“＊”）的主要参数要求或加注星号（“＊”）的主要参数无技术资料支持；

（2）投标文件技术规格中一般参数超出允许偏离的最大范围；

（3）投标文件技术规格中的响应与事实不符或虚假投标；

（4）投标文件中存在的按照招标文件中有关规定构成否决投标的其他技术偏差情况。

3.1.5　投标报价有算术错误的，评标委员会按以下原则对投标报价进行修正，修正的价格经投标人书面确认后具有约束力。对于投标辅助资料中的算术错误不予修正。投标人不接受修正价格的，其投标将被否决。

（1）投标文件中的大写金额与小写金额不一致的，以大写金额为准；

（2）总价金额与依据单价计算出的结果不一致的，以单价金额为准修正总价，但单价金额小数点有明显错误的除外。

3.1.6　评标委员会将参考招标人现阶段掌握的投标人不良行为记录进行评审。

3.1.7　经初步评审后合格投标人不足 3 名的，评标委员会应对其是否具有竞争性进行评审，因有效投标不足 3 个使得投标明显缺乏竞争的，评标委员会可以否决全部投标。

3.2　详细评审

3.2.1　进入详细评审的投标人确定规则：见评标办法前附表。

3.2.2　投标报价的处理规则：见评标办法前附表。

3.2.3　评标委员会按本章第 2.2 款和 3.2.1 项规定的量化因素和标准进行价格折算（如有），计算出评标价，并编制价格比较一览表。

3.2.4　评标委员会发现投标人的报价明显低于其他投标人的报价，或者在设有标底时明显低于标底，使得其投标报价可能低于其成本的，应当要求该投标人做出书面说明并提供相应的证明材料。投标人不能合理说明或者不能提供相应证明材料的，由评标委员会认定该投标人以低于成本报价竞标，其投标将被否决。

3.3　投标文件的澄清和补正

3.3.1　在评标过程中，评标委员会可以书面形式要求投标人对所提交的投标文件中不

明确的内容进行书面澄清或说明，或者对细微偏差进行补正。评标委员会不接受投标人主动提出的澄清、说明或补正。

3.3.2　澄清、说明和补正不得改变投标文件的实质性内容（算术性错误修正的除外）。投标人的书面澄清、说明和补正属于投标文件的组成部分。

3.3.3　评标委员会对投标人提交的澄清、说明或补正有疑问的，可以要求投标人进一步澄清、说明或补正。

3.4　评标结果

3.4.1　除第二章“投标人须知”前附表授权直接确定中标人外，评标委员会按照经评审的价格由低到高的顺序推荐________名中标候选人。

3.4.2　评标委员会完成评标后，应当向招标人提交书面评标报告。

3.4.3　中标候选人在信用中国网站（http：//www.creditchina.gov.cn/）被查询存在与本次招标项目相关的严重失信行为，评标委员会认为可能影响其履约能力的，有权取消其中标候选人资格。

第三章　评标办法（最低评标价法）

评标办法前附表

条款号		评审因素	评审标准
2.1.1	形式评审标准	投标人名称	与营业执照、相关证书一致
		投标函签字盖章	有法定代表人或其委托代理人签字或加盖单位章
		投标文件格式	符合第七章“投标文件格式”的要求
		报价唯一	只能有一个有效报价
		……	……
2.1.2	资格评审标准	营业执照	具备有效的营业执照
		生产资质	具备有效的(生产许可证/检验报告……) 扫描件或证明材料
		业绩要求	符合第二章“投标人须知”第 1.4.1 项规定
		信誉要求	符合第二章“投标人须知”第 1.4.1 项规定
		财务要求	符合第二章“投标人须知”第 1.4.1 项规定
		其他要求	符合第二章“投标人须知”第 1.4.1 项规定
		……	……
2.1.3	响应性评审标准	投标内容	符合第二章“投标人须知”第 1.3.1 项规定
		交货进度	符合第二章“投标人须知”第 1.3.2 项规定
		投标有效期	符合第二章“投标人须知”第 3.3.1 项规定
		投标保证金	符合第二章“投标人须知”第 3.4.1 项规定
		权利义务	符合第四章“合同条款及格式”规定
		投标报价表	符合第五章“投标文件格式”中“文件……”给出的范围及数量
		产品质量	符合第六章“技术规范”的规定
		……	……
条款号		条款内容	编列内容
2.2.1		评分权重构成（100%）	商务部分：60% 技术部分：40%
2.2.2		价格系数计算公式	$K_i=60\times(10\%\times1/m_{1i}+50\%\times1/m_{2i}+10\%\times1/m_{3i}+30\%\times1/m_{4i})+40\times(30\%\times1/n_{1i}+50\%\times1/n_{2i}+20\%\times1/n_{3i})$ 其中： m_{1i}——第 i 家投标人投标文件的符合性平均得分；

续表

条款号	评审因素	评审标准
		m_{2i}——第 i 家投标人业绩与信誉平均得分； m_{3i}——第 i 家投标人财务状况平均得分； m_{4i}——第 i 家投标人投标报价的合理性平均得分； n_{1i}——第 i 家投标人技术能力平均得分； n_{2i}——第 i 家投标人质量措施、货物质量平均得分； n_{3i}——第 i 家投标人交货、包装和服务平均得分。
2.2.3	评标价计算公式	$Q_i = Q_{0i} \times K_i$ 其中： Q_i——第 i 家投标人的评标价； Q_{0i}——第 i 家投标人的投标修正价； K_i——第 i 家投标人的价格系数。

条款号		评分因素	评分标准	权重
2.2.4（1）	商务部分评分标准（100%）	投标文件的符合性（m_1）	检查投标文件商务部分在内容与项目上的完整性、响应性及商务偏差。（评分结果分为 A—D 四个档次）	10%
		业绩与信誉（m_2）	通过审查投标人的以往业绩情况，以及用户的证明材料判断投标人是否具有良好的商业信誉。（评分结果分为 A—D 四个档次）	50%
		财务状况（m_3）	评价投标人财务状况，包括近 3 年财务状况。（评分结果分为 A—D 四个档次）	10%
		投标报价的合理性（m_4）	分析对比主要报价的合理性。（评分结果分为 A—D 四个档次）	30%
2.2.4（2）	技术部分评分标准（100%）	技术能力（n_1）	（1）制造厂设计、制造加工能力、检测设施和手段及技术力量； （2）已制造并投入运行的满足招标文件资质条件要求的供货业绩、运行情况和用户评价； （3）制造厂生产设备工艺水平。（评分结果分为 A—D 四个档次）	30%
		质量措施、货物质量（n_2）	（1）质量保证体系和措施、质量异议处理措施； （2）技术偏差； （3）技术性能参数。 （评分结果分为 A—D 四个档次）	50%
		交货、包装和服务（n_3）	（1）交货进度：根据投标人提交的交货进度表审查投标人对交货进度的响应情况；核查投标人是否提交符合招标文件要求的工作进度计划，评价工作进度计划是否合理、可行；现有合同项目对本项目的制造进度的影响； （2）运输方式、中转方案； （3）包装方式； （4）服务方案、服务承诺。（评分结果分为 A—D 四个档次）	20%

续表

条款号		评审因素	评审标准
3.1.1	初步评审	初步评审短名单的确定	按照投标人的报价由低到高排序，当投标人少于10名时，选取排序前5名进入短名单；当投标人为10名及以上时，选取排序前6名进入短名单。若进入短名单的投标人未能通过初步评审，或进入短名单投标人有算术错误，经修正后的报价高于其他未进入短名单的投标人报价，则依序递补。如果数量不足5名时，按照实际数量选取。
3.2.1	详细评审	详细评审短名单的确定	通过初步评审的投标人全部进入详细评审。
3.2.2	详细评审	投标报价的处理规则	（1）对于投标人未做说明的报价修改，招标人将把修改后的报价按比例分摊到投标报价的相关各项目（不含暂估价项目）上，调整后的报价对投标人具有约束力。投标人不接受修正价格的，其投标将被否决。 （2）对于投标人未按招标文件规定进行报价的漏报项目应被视为含在所报价格中，但评标时招标人将把所有进入详细评审的投标人中对该项目的最高报价计入此投标人的此项评标价格。按此款所做的评标价格调整仅用于评标使用。 （3）如投标人某项目单价明显偏低，经评标委员会认定低于成本价时，则以进入详细评审短名单的所有投标人中该项目最高单价替换此单价，重新计算其经评审的投标价。

1　评标方法

本次评标采用最低评标价法。评标委员会对满足招标文件实质要求的投标文件，按照本章第2.2款规定的评分标准进行打分。然后，按照规定的办法折算成价格系数，价格系数乘以各投标人的投标修正价即得到各投标人的评标价，按评标价由低到高推荐________名中标候选人，或根据招标人授权直接确定中标人，但投标报价低于其成本的除外。当评标价相等时，投标报价低的优先；投标报价也相等的，由招标人自行确定。

2　评审标准

2.1　初步评审标准

2.1.1　形式评审标准：见评标办法前附表。

2.1.2　资格评审标准：见评标办法前附表。

2.1.3　响应性评审标准：见评标办法前附表。

2.2　评分权重构成与评分标准

2.2.1　评分权重构成

（1）商务部分：见评标办法前附表；

（2）技术部分：见评标办法前附表。

2.2.2　价格系数计算

价格系数计算方法：见评标办法前附表。

2.2.3　评标价的计算

评标价的计算公式：见评标办法前附表。

2.2.4　评分标准及子项权重

（1）商务部分评分标准：见评标办法前附表；

（2）技术部分评分标准：见评标办法前附表。

3　评标程序

3.1　初步评审

3.1.1　初步评审短名单的确定：见评标办法前附表。

3.1.2　评标委员会可以要求投标人提交第二章“投标人须知”第 3.5.1 项至第 3.5.4 项规定的有关证明和证件的原件，以便核验。评标委员会依据本章第 2.1 款规定的标准对投标文件进行初步评审。有一项不符合评审标准的，评标委员会应当否决其投标。

3.1.3　投标人有以下情形之一的，评标委员会应当否决其投标：

（1）第二章“投标人须知”第 1.4.3 项规定的任何一种情形的；

（2）串通投标或弄虚作假或有其他违法行为的；

（3）不按评标委员会要求澄清、说明或补正的。

3.1.4　技术评议时，存在下列情况之一的，评标委员会应当否决其投标：

（1）投标文件不满足招标文件技术规格中加注星号（“*”）的主要参数要求或加注星号（“*”）的主要参数无技术资料支持；

（2）投标文件技术规格中一般参数超出允许偏离的最大范围；

（3）投标文件技术规格中的响应与事实不符或虚假投标；

（4）投标文件中存在的按照招标文件中有关规定构成否决投标的其他技术偏差情况。

3.1.5　投标报价有算术错误的，评标委员会按以下原则对投标报价进行修正，修正的价格经投标人书面确认后具有约束力。对于投标辅助资料中的算术错误不予修正。投标人不接受修正价格的，其投标将被否决。

（1）投标文件中的大写金额与小写金额不一致的，以大写金额为准；

（2）总价金额与依据单价计算出的结果不一致的，以单价金额为准修正总价，但单价金额小数点有明显错误的除外。

3.1.6　评标委员会将参考招标人现阶段掌握的投标人不良行为记录进行评审。

3.1.7　经初步评审后合格投标人不足 3 名的，评标委员会应对其是否具有竞争性进行评审，因有效投标不足 3 个使得投标明显缺乏竞争的，评标委员会可以否决全部投标。

3.2　详细评审

3.2.1　进入详细评审的投标人确定：见评标办法前附表。

3.2.2　投标报价的处理规则：见评标办法前附表。

3.2.3　评分按照如下规则进行。

（1）评分由评标委员会以记名方式进行，参加评分的评标委员会成员应单独打分。凡未记名、涂改后无相应签名的评分票均作为废票处理。

（2）评分因素按照 A—D 四个档次评分的，A 档对应的分数为 100—90（含 90），B 档 90—80（含 80），C 档 80—70（含 70），D 档 70—60（含 60）。评标委员会讨论各个进入详细评审阶段的投标人在各个评审因素上的档次，评标委员会成员宜在讨论后决定的评分档次范围内打分，如评标委员会成员对评分结果有不同看法，也可超档次范围打分，但应在意见表中陈述理由。

（3）评标委员会成员打分汇总方法，参与打分的专家超过 5 名（含 5 名）以上时，汇总时去掉单项评价因素的最高分和最低分，以剩余样本的算术平均值作为投标人的得分。

（4）评分分值的中间计算过程保留小数点后三位，小数点后第四位“四舍五入”；评分分值计算结果保留小数点后两位，小数点后第三位“四舍五入”。

3.2.4　评标委员会按本章第 2.2.4 款规定的量化因素和分值进行打分，然后按照 2.2.2 款公式计算价格系数，再按照 2.2.3 款公式计算出评标价。

3.2.5　评标委员会发现投标人的报价明显低于其他投标报价，或者在设有标底时明显低于标底，使得其投标报价可能低于其成本的，应当要求该投标人做出书面说明并提供相应的证明材料。投标人不能合理说明或者不能提供相应证明材料的，由评标委员会认定该投标人以低于成本报价竞标，否决其投标。

3.3　投标文件的澄清和补正

3.3.1　在评标过程中，评标委员会可以书面形式要求投标人对所提交的投标文件中不明确的内容进行书面澄清或说明，或者对细微偏差进行补正。评标委员会不接受投标人主动提出的澄清、说明或补正。

3.3.2　澄清、说明和补正不得改变投标文件的实质性内容。投标人的书面澄清、说明和补正属于投标文件的组成部分。

3.3.3　评标委员会对投标人提交的澄清、说明或补正有疑问的，可以要求投标人进一步澄清、说明或补正。

3.4 评标结果

3.4.1 除第二章“投标人须知”前附表授权直接确定中标人外，评标委员会按照评标价由低到高的顺序推荐________名中标候选人。

3.4.2 评标委员会完成评标后，应当向招标人提交书面评标报告。

3.4.3 中标候选人在信用中国网站（http：//www.creditchina.gov.cn/）被查询存在与本次招标项目相关的严重失信行为，评标委员会认为可能影响其履约能力的，有权取消其中标候选人资格。

第四章　合同条款及格式

一、合同协议书

合同名称：

合同编号：

为保证________________建设的需要，本合同协议书由______________（以下简称“买方”）与______________（以下简称“卖方”）本着平等互利、协商一致的原则于______年____月____日签署，以共同遵守执行。

本协议中所用术语的含义与下述合同条款中相应术语的含义相同。

1　合同货物、数量和价格

1.1　货物、数量

卖方承担___________工程建设所需的_________年建筑用F类Ⅰ级粉煤灰采购的供应，计划供应总数量约________万吨，实际采购量以合同条款中第三条规定供应时段内实际用量为准。

1.2　合同价格

1.2.1　交货单价由出厂价加运杂费组成。

运杂费是指从装车开始，一直到买方__________工地指定交货地点之前全过程中的装车、运输、投标人厂区内和至__________工地指定交货地点之前的短倒（不含工地现场招标人提供的储备罐至拌和楼之间的短倒费用）、过桥、过路、过渡、储存、返空及各种规费、包装费、保险费以及货到买方指定地点的所有其他费用。

1.2.2　本合同期内，价差调整按合同条款第十四条执行。

1.2.3　合同价格同时须包含合同货物本身已支付或将支付的所有税费、中标服务费。

1.2.4　粉煤灰交货单价：(元/吨)

序号	品种	出厂价（1）	运杂费（2）	______工地交货单价（含税）（3）＝（1）＋（2）	工地交货单价（不含税）	增值税	增值税税率	备注
1	工程用散装F类Ⅰ级粉煤灰							专用公路通车前
2	工程用散装F类Ⅰ级粉煤灰							专用公路通车后

注：（1）________工地车板交货，交付前的一切风险由卖方承担，交付地点为________工地指定地点；

（2）买方将根据专用公路通车前后分别据实结算；

（3）买方拟在工地现场提供储备罐，粉煤灰从储备罐到拌和楼之间的短倒由投标人承担，短倒费按________元/吨计价，短倒费由买方在结算月内据实另行结算。

2　合同文件的组成部分

2.1　合同协议书；

2.2　中标通知书；

2.3　投标函；

2.4　合同条款；

2.5　技术规范；

2.6　经评审确认的具有标价的报价清单；

2.7　招标文件及补遗文件、经买方认可的投标文件及相关附件（含评标过程中澄清答疑文件）；

2.8　其他合同文件

合同履行中，经双方确认的有关粉煤灰采购的洽商、变更等书面协议或文件视为本合同的组成部分。上述文件是互为补充和解释的，但如有模棱两可或互相矛盾处，以上面所列顺序在前的为准，同顺序的以文件形成时间在后的为准。

3　鉴于买方将按下条规定付款给卖方，卖方在此立约承担合同规定的卖方的全部义务和责任，保证：

（1）全面按合同规定完成本合同设备材料的供货和服务；

（2）确保货物及服务满足合同要求。

4　作为对本合同项目供货和服务的报酬，买方在此立约，保证按合同规定向卖方支付合同价款，承担合同规定的买方的全部义务和责任。

5　本合同经双方法定代表人或其委托代理人签字、加盖单位章，并且卖方在规定的时间内提供了合格的履约担保后即开始生效，至本合同全部义务履行完成后终止。

6　本合同未尽事宜，双方协商解决或签订补充文件，补充文件与本合同条款具有同等效力。

7　本合同正本二份，双方各执一份，合同副本十份，买方执八份，卖方执二份。

买　　方：________________	卖　　方：________________
法定代表人或	法定代表人或
其委托代理人：____________	其委托代理人：____________
地　　址：________________	地　　址：________________
邮　　编：________________	邮　　编：________________
电　　话：________________	电　　话：________________
传　　真：________________	传　　真：________________

二、合同条款

第一条　定义

下列术语在合同中使用时具有如下含义：

1.1　合同：指中标人（卖方）与买方按照本合同条款签订的供货协议。

1.2　合同价格：指根据合同要求，在卖方全面正确地履行合同义务时，买方按照本合同条款应支付给卖方的款项的交货单价。

1.3　货物：指卖方按合同要求须向买方提供的所有粉煤灰、材质证明书及技术文件。

1.4　服务：指合同规定卖方必须承担的检验、异议处理、技术协助及其他类似的义务。

1.5　买方：指________________。

1.6　卖方：指投标已为招标人接受生产并提供合同货物的法人单位，在投标阶段为投标人。

1.7　工地仓库：指____________工地买方仓库或买方指定地点。

1.8　验收：指买方根据合同接受货物应依据的程序和条件。

1.9　业主：指作为____________工程业主的中国长江三峡集团有限公司。

1.10　供货单位：指____________ 工程业主通过招标选定的供货商。

1.11　监理单位：指____________工程业主通过招标选定的工程施工和物资供应监理单位。

1.12　买方代理：指受买方委托负责本采购合同具体执行的单位，本合同中特指________________。

1.13　合同结算：指买方对卖方的直接结算。

1.14　合同中除特别注明外，所述天数均为日历日。

第二条　供货范围

2.1　合同规定的货物：__________（_____年）工程用F类Ⅰ级粉煤灰。

2.2　合同规定应提供的服务。

第三条　交货期

3.1　供货时间为合同生效日至_____年____月____日分批交货，应按照买方下达的月度材料供应计划供货。买方根据需要有权顺延本合同的合同期（最长顺__6__个月）。在合同顺延期期间，本合同的价格和所有条款继续对双方有约束力。

3.2　卖方按照买方提供的月度需用计划、调整计划、应急调峰计划需用量的要求，按规定的交货时间、地点供应，卖方保证在_____天内交货，不得影响工程施工。如卖方延迟交货，需得到买方同意。

3.3　买方根据_______________工程施工要求，在每月27日前（遇公休日顺延）向卖方提供下月需用计划，月调整计划于下月10号前提出，应急调峰计划交货前3天前提出，卖方据此供货。

3.4　卖方必须及时向买方或买方代理报送粉煤灰供应日报、周报和月报。

第四条　包装标准、包装物的供应与回收

卖方向买方交货时，包装用袋、包装标志应符合国家标准，包装物的回收按照国家和________工程的相关规定执行。

第五条　仓储及运输

5.1　卖方自行组织粉煤灰的中转、仓储和运输，卖方应具备完成本合同所需的中转及仓储手段。

5.2　按买卖双方协商决定的方式运输，卖方自行负责组织承运。

5.3　卖方必须保证买方分月及应急计划需用量，并考虑必要的调峰能力，确保________工程的施工需要。

5.4　卖方在运输时，必须遵纪守法，服从交通管理部门的管理，运输到_______工区，必须服从工区的统一管理、指挥和调度。

第六条　交货通知

6.1　卖方须在货物全部装运完毕发运前，将发运情况及预计到货时间书面通知买方和买方代理，以便组织接货。因卖方未及时通知买方和买方代理而造成的损失由卖方承担。

6.2　未经买方事先书面同意，卖方装运的货物不得超过交货通知规定的数量，否则卖方应承担由此产生的一切费用及法律责任。

第七条 交货与售后服务

7.1 粉煤灰的交货单位和接货单位

7.1.1 粉煤灰的交货单位是卖方。

7.1.2 粉煤灰的接货单位是买方指定的单位，具体单位名称届时由买方以书面形式或月计划通知卖方。

7.2 交货地点：卖方供应到______工地的粉煤灰必须按照买方的要求直供至工区指定地点。

7.3 卖方在________工地的业务人员的办公和生活费用由卖方自理。

7.4 交货方法：卖方按买方的有效调拨单或按有效送货通知单送达________工地买方指定地点。交货时，双方指定的交接单位需办理交接手续，由买方指定的收货单位填制交接记录表一式五份，双方责任人签字（签字人必须相互报名备案并报买方一份，否则其签字将视为无效）。交接记录一式四份，当场分送卖方一份，买方三份（收货单位两份，业主一份），结算前卖方和收货单位各转买方一份审核，并依据审核无误的单据办理货物验收和货款的结算。

7.5 本合同经双方签字以后，卖方在买方提出第一次需用计划前必须在________工地设立办事机构，以便及时进行货物交接和解决各种争议，机构和服务人员名单报买方备案。卖方驻__________ 工地办事处应保证每天 24 小时有人员留守，主要通信设施（如手机、传真机等）应 24 小时处于开机状态。卖方必须每天按时向买方通报库存、装运及货物在途情况。卖方驻__________ 工地办事处必须配置专用交通工具，以便于协调解决粉煤灰供应事宜。

7.6 卖方应向买方提供货物的出厂质量证明书和其他必要的技术资料。

第八条 计量单位和计量方法

8.1 计量单位为（净重）吨。

8.2 计量方法：采用称重计量，为保证粉煤灰计量工作的准确、公平、及时进行，称重时买卖双方或各自委托方代表须现场监磅。为减少计量争议，必要时买方可指定计量监理，负责拌和系统现场卸料计量监理、协调解决计量争议，签认货物数量。一经监理签认，双方应无条件接受。

计费重量（净重）＝重车重量－空车重量。

8.3 交货地点的计量器具应经技术监督部门审验合格。

第九条 验收

9.1 数量

卖方交货责任人与买方指定的收货单位责任人在____________工地现场或买方指定____________工区其他地点当场验货，办理货物交接，以双方共同确认的数量为准。

买方在交货地点有权随时进行抽检卖方交货产品的质量，如发现品质不符合本合同规定，买方有权拒收、拒付合同价款，并追究卖方由此造成买方的经济损失。

9.2 验收标准

按第十条中的质量标准进行验收。卖方必须配合买方委托的质检单位的取样工作，在买方委托的质检部门抽取样品后，卖方需在取样单上签字确认，并自行保留一份封样，以便校核。

第十条 质量

10.1 卖方必须按照《中华人民共和国产品质量法》的规定提供合格的粉煤灰，其质量除符合 DL/T5055 中 F 类Ⅰ级粉煤灰标准外，还需满足中国长江三峡集团有限公司相关企业标准的要求。

10.2 卖方在交货时，必须同时提供该批粉煤灰（按国家标准 200 吨为一个批号，不足 200 吨的计为一批号）的质量检测报告和产品合格证，一式三份，分送买方及买方指定的其他单位进行审核。出具质量检测报告的单位（或部门），必须取得国家质量技术监督部门的资格认可。

10.3 买方或买方委托的单位（以下统称买方）有权随时对卖方的质量保证体系进行检查，并可以随时对生产过程进行质量抽样检验，按照标准 DL/T5055 和中国长江三峡集团有限公司标准《拱坝混凝土用粉煤灰技术要求及检验》Q/CTG 15—2015 规定的抽样标准、抽样方法和比例进行质量检验。买方或买方委托的质检单位必须是取得技术监督部门资格认可的省级以上质量监督检验机构。粉煤灰抽检取样过程中必须有厂家代表到场签字认可，并封存一个粉煤灰样品以备粉煤灰质量仲裁使用。

第十一条 知识产权

卖方须保障买方使用其产品、服务及其任何部分而不受第三方关于侵犯专利权、商标权和设计权的指控。任何第三方如果提出侵权指控，卖方须与第三方交涉并承担可能发生的一切法律和费用责任。买方承诺对卖方产品技术保密。

第十二条 对粉煤灰质量争议的处理方法

12.1 买方或买方指定的收货单位、监理、试验中心在验收或抽检中，如果发现粉煤灰的质量、等级不符合规定，买方应在检验发现问题后十天内向卖方提出书面异议，送达卖方驻__________工地代表。在货款结算期内，买方有权拒付不符合规定部分的货款。

12.2 如果买方或买方指定的收货单位、监理单位、试验中心未按照规定期限提出书面异议的，视为所交粉煤灰符合合同规定。

12.3 卖方在接到买方或买方指定的收货单位、监理单位、试验中心的书面异议后，应在三天内（从卖方现场交货责任人接到书面异议之时算起）给予回复并采取相应措施，否则，即视默认买方提出的异议和处理意见。

12.4　产品有任何质量问题，买方口头或书面通知卖方后，卖方应在接到通知的 12 小时内做出快速反应，与相关人员联系，协调解决质量争议。

12.5　买方或买方指定的收货单位、监理单位、试验中心，对某批产品质量提出异议，卖方仍坚持产品质量合格时，应将该批产品或该批产品的封存样品送至双方认可的第三方检验机构检测（检验结果为最终的质量仲裁），费用由责任方承担。经确认产品质量不合格的将暂停供货直至终止本合同，由此引发的一切直接经济损失由卖方承担。

12.6　卖方所交粉煤灰的质量指标不符合买方要求，买方将停止使用这部分粉煤灰，卖方自行处理并承担由此发生的全部费用。

12.7　如果卖方交货质量、等级不符合规定，买方在代为保管期内实际支付的保管费等以及非买方保管不善而发生的损失，由卖方承担。

第十三条　价款的结算

13.1　结算货币：买方以人民币支付给卖方价款。

13.2　结算时间：按月结算价款（结算月划分：年初元月 1 日至 25 日，年中每月 26 日至下月 25 日，年末 11 月 26 日至 12 月 31 日）；结算时间为次月 3 日至 20 日（节假日及公休日顺延）。

13.3　价款金额的计算

价款金额＝交货合同价格×验收数量

（价格按本合同规定执行，数量以前款确认数量为准）

13.4　结算付款条件

13.4.1　卖方在结算前，与买方代理及接货单位共同办理三方对账，买方代理开具粉煤灰“材料验收单”。

13.4.2　卖方凭合同、质量证明书（原件）、“材料验收单”、增值税专用发票和运输增值税专用发票到买方委托单位并由其代办结算业务，凭以上单据及经批准的支付申请单到买方财务部门结算价款。

13.4.3　如果卖方提供了不合格的产品且不及时处理或处理结果不符合买方要求的，买方有权扣留该批货物全部或部分价款作为补偿。

13.5　价款结算

按第九条方式经买卖双方签字认可的交接记录表的本结算期累计供应数量，和施工单位确认的与此相应的“材料调拨单”为结算依据，由卖方按此数量提供全额的经买方确认的价款发票，办理价款结算。

13.6　支付方式

在验收、结算手续齐备后，买方按合格的支付计量和合同单价并审核卖方无误的发票金额，通过银行支付给卖方。

13.7　卖方结算账户

卖方收款账户名称：

卖方开户银行：

卖方账号：

13.8　纳税人信息：

单位名称：__________________；

纳税人识别号：______________；

地址：______________________；

电话：______________________；

开户行名称：________________；

账户：______________________。

13.9　卖方应按照结算款项金额向甲方提供符合税务规定的增值税专用发票，买房在收到卖方提供的合格增值税专用发票后支付款项。

卖方应确保增值税专用发票真实、规范、合法，如卖方虚开或提供不合格的增值税专用发票，造成买方经济损失的，卖方承担全部赔偿责任，并重新向买方开具符合规定的增值税专用发票。

合同变更如涉及增值税专用发票记载项目发生变化的，应当约定作废、重开、补开、红字开具增值税专用发票。如果收票方取得增值税专用发票尚未认证抵扣，收票方应在开票之日起180天内退回原发票，则可以由开票方作废原发票，重新开具增值税专用发票；如果原增值税专用发票已经认证抵扣，则由开票方就合同增加的金额补开增值税专用发票，就减少的金额依据收票方提供的红字发票信息表开具红字增值税专用发票。

第十四条　价差调整

本合同为固定单价合同，在合同期内买方仅在0#柴油价格市场波动超过±10%时，对合同价格中的运杂费进行调差（0#柴油价格市场波动±10%以内，合同价格不进行调整），其他因素引起的交货单价变化的风险应包括在合同价格中，合同执行期间不予调整。运杂费调差每半年进行一次，调差计算方法如下：

$A=B\times35\%\times[(C-D)/D\pm10\%]\times E$

0#柴油费用在运杂费中的占比为35%；

±10%：0#柴油价格上涨时为−10%，下降时为+10%。

A：运杂费调差额（单位：元）；

B：合同约定的运杂费单价（单位：元/吨）；

C：调差当期______省发改委发布的______市场 $0^{\#}$ 柴油零售价格（单位：元/升）；

D：开标当日______省发改委发布的______市场 $0^{\#}$ 柴油零售价格（______年____月____日______市场 $0^{\#}$ 柴油零售价格为：____元/升）；

E：调差当期的合同验收量（单位：吨）。

第十五条　单据

15.1　卖方向买方提供与到货数量相符的全额增值税专用发票，其中运输增值税专用发票可以原票照转，发票抬头必须与13.8条增值税发票抬头一致，并注明合同号，数量与买方仓库验收数量必须一致，其他厂内及铁路装卸服务等杂费发票，买方均不接受。

15.2　分车发运时每车货物应有发运码单和质量证明书各一份，质量证明书、码单在货物到货验收时交买方验收人，并在货款结算时交买方或买方委托单位一份质量证明书原件或加盖卖方合同章的复印件。

第十六条　保险

卖方承担交货前的一切责任与费用，货物交验前一切保险由卖方负责，其费用已包含在合同价内。

第十七条　税金

卖方承担纳税义务，税种和税额依法办理，所有应纳税金已含在合同总价内。

第十八条　索赔

18.1　在货物验收和使用过程中，如发现质量缺陷，在质量缺陷确认后买方有权向卖方提出索赔，卖方应根据买方的索赔要求，对货物进行完全或者部分替换。若卖方收到索赔通知后15个日历日内不答复，应视为卖方同意买方提出的一切索赔。

18.2　双方的任何索赔要求，应在事件发生的10天内书面通知对方。按本合同规定应该偿付的违约金、赔偿金、保管费和各种经济损失，应当在明确责任后30天内结算完毕，否则，应按逾期付款加倍处罚。

第十九条　违约责任

19.1　买方的违约责任

19.1.1　买方未能按合同规定结算货款，买方每天按未结算货款的2‰向卖方支付违约金。

19.2　卖方的违约责任

19.2.1　卖方不能按期按买方的需用计划（含调整计划、应急调峰计划）交货（浮动范围按月需求计划数量的±15%控制），应承担违约责任，卖方应向买方偿付未交货部分货款总值的10%违约金。

19.2.2　卖方逾期交货的，应在送货前与买方协商，买方仍需要的（可能调整下月需用计划），卖方应照数补送，并承担 19.2.1 款的违约责任；买方不需要的，应当在接到卖方通知后 3 天内通知卖方，逾期不答复的，视为同意送货。卖方在买方要求的供应时段内，不能按计划保证供应的，买方即可终止合同。

19.2.3　卖方将粉煤灰送错交货地点或收货人的，卖方除负责运至规定的交货地点或收货人外，还应承担买方因此发生的一切实际损失费用和按逾期交货部分货物总值的10%向买方支付违约金。

19.2.4　卖方未随车附带产品合格证或质量检验报告，致使买方或买方代理无法卸车，由此所造成的运输罚款、压车等费用由卖方承担。

19.2.5　卖方所供粉煤灰出现质量波动时，买方有权对其提出警告直至暂停供货。

19.2.6　若发生其他与本合同相违背的行为，承担相应的违约责任。

19.2.7　当卖方违约不能按合同要求供货时，或产品工艺质量不稳定时，或产品不合格时，其合同项下的相应供货份额将由买方调整给其他供应商，卖方还应承担为此而导致的买方损失。

19.2.8　对于卖方未能按照合同规定全面履约的失信行为，买方将按照《中国长江三峡集团有限公司供应商信用评价管理办法（试行）》中的相关规定（查阅网址：epp.ctg.com.cn）进行处理。

第二十条　合同变更与终止

20.1　如果因卖方违反本合同规定，以致卖方继续执行合同将给买方造成的损失时，买方有权下达书面“变更合同指令”。对此，卖方不得拒绝，由此引起的费用增加和交货延期由卖方承担责任。

20.2　买方在任何时候都可在合同总体范围内向卖方对如下几点发出书面变更指示：

A. 运输方式或包装；

B. 交货时间；

C. 交货地点；

D. 技术变更；

E. 交货数量。

20.3　若 20.2 款的任何变更导致履行合同项下任何部分义务所需时间和费用的增减，应对交货时间和费用进行合理调整；卖方必须在接到买方的变更指示后 14 天内根据本款提出调整要求。

20.4　卖方为补救违约而采取的任何其他措施仍然使得买方无法避免损害的情况下，买方可向卖方发出书面违约通知书，终止全部或部分合同。

20.4.1　如果卖方未能在合同规定的期限内或买方同意的任何期限内交付部分或全部

货物，买方可终止部分或全部合同，买方可以按其认为适当的条件和方式采购类似未交部分的货物。卖方应承担买方类似货物的额外费用，但是，卖方应继续履行合同中未终止的部分。

20.4.2　卖方未能履行合同项下的任何其他义务，在上述任何一种情况下，卖方收到买方发出的违约通知书后 3 天（或买方确认的更长时间）后仍未纠正其过失。

20.5　当买方或卖方一方破产或因国家政策性变更而无法继续履行合同义务时，应及时以书面形式通知对方，提出终止合同。该终止合同应以不损害对方利益为条件。

20.6　由于出现第二十二条款规定的情况，经双方协商达成的协议，作为合同补充文件。

第二十一条　转让与分包

21.1　除买方事先书面同意外，卖方不得部分转让或全部转让其应履行的合同项下的义务。

21.2　买方同意的分包合同并不解除卖方承担的本合同项下的任何责任或义务。

第二十二条　不可抗力

22.1　不可抗力是指买、卖双方在缔结合同时所不能预见的，并且它的发生及其后果是无法避免和无法克服的自然灾害和战争等。

22.2　买卖双方的任何一方由于不可抗力的原因，不能履行合同时，应及时向对方通报不能履行或不能完全履行合同的理由，在取得有关主管机关证明后，允许延期履行、部分履行或者不履行合同，并根据情况可部分或全部免予因此而承担的违约责任。

第二十三条　履约担保

本合同签订后的十个工作日内，卖方需按招标文件规定的格式向买方提供人民币____________万（大写：_________万元）金额的履约保函或履约保证金。

第二十四条　防止贿赂

供应商应严格遵守双方签署的廉政合同，维护____________建筑市场的正常秩序。本合同有效期内，禁止卖方利用各种形式向买方行贿，一经发现并证实，除按国家有关规定对当事人进行处罚外，买方有权中止本合同；同时禁止买方利用各种形式向卖方索贿，一经发现并证实，除按国家有关规定对当事人进行处罚外，卖方有权向买方索赔由此造成的经济损失。

第二十五条　合同争端及解决

25.1　为合同目的，在履行合同规定的全部义务期间，买卖双方均应本着实事求是、平等互利、诚实信用、协商一致的原则，公正、合理地解决合同实施过程中出现的任何合同争端。

25.2　除合同在争端提交解决期间已被中止外，任何情况下卖方都应尽一切努力继续实施并完成本合同规定的供货任务，买方也应根据合同实施并完成的供货质量和数量，支付相应的货款和费用。

25.3　协商

合同双方在履行合同中发生争议的，友好协商解决。协商不成的，诉讼解决。

第二十六条　其他

26.1　买方委托________代理本合同的具体实施工作，卖方需配合执行。

26.2　为保证________粉煤灰供应，卖方必须严格遵守________工程粉煤灰供应物流管理及相关规定。

合同附件一

合同采购清单交货进度和批次

1. 交货说明

合同采购清单交付至买方指定的地点时间应不迟于交货批次清单表中规定的时间。为了使交货便于工地的储存保管，除非经过买方批准，所有交货不得比规定交货日期提前 30 天。

2. 交货批次及时间

序号	合同采购清单	型号及规格	单位	数量	交货时间
一	第一批				
二	第二批				
……	……				

合同附件二

廉洁协议

甲方（发包人）：____________________

乙方（承包人）：____________________

为了防范和控制____________________合同（合同编号：________________）商订及履行过程中的廉洁风险，维护正常的市场秩序和双方的合法权益，根据反腐倡廉相关规定，经双方商议，特签订本协议。

一、甲乙双方责任

1. 严格遵守国家的法律法规和廉洁从业有关规定。

2. 坚持公开、公正、诚信、透明的原则（国家秘密、商业秘密和合同文件另有规定的除外），不得损害国家、集体和双方的正当利益。

3. 定期开展党风廉政宣传教育活动，提高从业人员的廉洁意识。

4. 规范招标及采购管理，加强廉洁风险防范。

5. 开展多种形式的监督检查。

6. 发生涉及本项目的不廉洁问题，及时按规定向双方纪检监察部门或司法机关举报或通报，并积极配合查处。

二、甲方人员义务

1. 不得索取或接受乙方提供的利益和方便。

（1）不得索取或接受乙方的礼品、礼金、有价证券、支付凭证和商业预付卡等（以下简称“礼品礼金”）；

（2）不得参加乙方安排的宴请和娱乐活动；不得接受乙方提供的通信工具、交通工具及其他服务；

（3）不得在个人住房装修、婚丧嫁娶、配偶、子女和其他亲属就业、旅游等事宜中索取或接受乙方提供的利益和便利；不得在乙方报销任何应由甲方负担或支付的费用。

2. 不得利用职权从事各种有偿中介活动，不得营私舞弊。

3. 甲方人员的配偶、子女、近亲属不得从事与甲方项目有关的物资供应、工程分包、劳务等经济活动。

4. 不得违反规定向乙方推荐分包商或供应商。

5. 不得有其他不廉洁行为。

三、乙方人员义务

1. 不得以任何形式向甲方及相关人员输送利益和方便。

（1）不得向甲方及相关人员行贿或馈赠礼品礼金；

（2）不得向甲方及相关人员提供宴请和娱乐活动；不得为其购置或提供通信工具、交通工具及其他服务；

（3）不得为甲方及相关人员在住房装修、婚丧嫁娶、配偶、子女和其他亲属就业、旅游等事宜中提供利益和便利；不得以任何名义报销应由甲方及相关人员负担或支付的费用。

2. 不得有其他不廉洁行为。

3. 积极支持配合甲方调查问题，不得隐瞒、袒护甲方及相关人员的不廉洁问题。

四、责任追究

1. 按照国家、上级机关和甲乙双方的有关制度和规定，以甲方为主、乙方配合，追究涉及本项目的不廉洁问题。

2. 建立廉洁违约罚金制度。廉洁违约罚金的额度为合同总额的1%（不超过50万元）。如违反本协议，根据情节、损失和后果按以下规定在合同支付款中进行扣减。

（1）造成直接损失或不良后果，情节较轻的，扣除10%—40%廉洁违约罚金；

（2）情节较重的，扣除50%廉洁违约罚金；

（3）情节严重的，扣除100%廉洁违约罚金。

3. 廉洁违约罚金的扣减：由合同管理单位根据纪检监察部门的处罚意见，与合同进度款的结算同步进行。

4. 对积极配合甲方调查，并确有立功表现或从轻、减轻违纪违规情节的，可根据相关规定履行审批手续后酌情减免处罚。

5. 上述处罚的同时，甲方可按照中国长江三峡集团有限公司有关规定另行给予乙方暂停合同履行、降低信用评级、禁止参加甲方其他项目等处理。

6. 甲方违反本协议，影响乙方履行合同并造成损失的，甲方应承担赔偿责任。

五、监督执行

1. 本协议作为项目合同的附件，由甲乙双方纪检监察部门联合监督执行。

2. 甲方举报电话：______________；乙方举报电话：________________。

六、其他

1. 因执行本协议所发生的有关争议，适用主合同争议解决条款。

2. 本协议作为________________合同的附件，一式肆份，双方各执贰份。

3. 双方法定代表人或其委托代理人在此签字并加盖单位章，签字并盖章之日起本协议生效。

甲方：（盖章）　　　　　　　　　　乙方：（盖章）

法定代表人（或委托代理人）：　　　法定代表人（或委托代理人）：

合同附件三

履约保函

致：______

鉴于____________（卖方名称）（以下简称“卖方”）根据______年____月____日签订的___________号合同（以下称为“合同”），向买方提供___________采购和相关服务。

根据贵方在合同中规定卖方应向贵方提交由一家信誉良好的银行出具的在合同中规定金额的无条件不可撤销的银行保函作为卖方履行合同义务的保证金。我行同意为卖方出具此保函：

我行特此承诺，我行作为保证人并以卖方的名义向贵方出具总额为______万元人民币的保函。我行在收到贵方第一次书面宣布卖方违反了合同规定后，就不争辩地无条件地向贵方支付保函限额之内的一笔或数笔款项，而贵方无须证明或说明要求的原因和/或理由。

本保函的有效期为自合同生效至合同终止后一个月内一直有效，最迟不晚于___________。

银行名称______________________

银行许可证号___________________

授权人签字_____________________

印刷体姓名_____________________

头衔或职务_____________________

地　　址_____________________

电　　话_____________________

传　　真_____________________

银行单位章_____________________

注：若开具保函银行对格式有特殊要求，在获得招标人同意后，卖方可使用银行提供的保函格式，但其实质内容（包括但不限于金额、责任条件、有效期等规定）须与招标文件要求保持一致。

第五章　投标报价表

1　报价说明

1.1　投标报价应报固定价格，按可调整价格报价的投标文件将被否决。

1.2　投标人应按招标文件规定的格式报出____________工地交货价，包括粉煤灰出厂价、运杂费（指从装车开始，一直到买方____________工地指定交货地点之前的全过程中的装车、运输、投标人厂区内和至____________工地指定交货地点之前的短倒〔不含工地现场招标人提供的储备罐至拌和楼之间的短倒费用〕、过桥、过路、过渡、储存、返空及各种规费、包装费、保险费以及货到买方指定地点的所有其他费用）。报价中须包含合同货物本身已支付或将支付的所有税费、中标服务费等。

1.3　投标人不用承担粉煤灰在____________工地交货地点的检验费、计量费和卸车费。

1.4　卖方自行决定运输方式及中转方案。卖方承担交货前的一切费用和风险。

1.5　招标文件中规定的卖方应提供的技术服务其相应的费用可合理分摊在货物的交货价中，报价中应已包含的招标文件中所有规定的其他服务项目的费用。

1.6　在合同履行期间，____________工程专用公路将通车。投标人须按专用公路通车前后就运杂费分别报价。

1.7　招标人拟在工地现场提供储备罐，粉煤灰从储备罐到拌和楼之间的短倒由投标人承担，短倒费按____________元/吨计价，短倒费由招标人据实另行结算。该项费用不计入报价。

1.8　表中所列出的所有品种投标人均需报价。

1.9　以人民币进行报价。

2　报价表

__________工程用粉煤灰采购清单报价表

2.1　报价表

序号	品种	预估总量（吨）（1）	出厂价（元/吨）（2）	运杂费（元/吨）（3）	________工地交货单价（元/吨）（4）＝（2）＋（3）	________工地交货合价（元）（1）×（4）	备注
1							专用公路通车前
2							专用公路通车后
3							
4							
	……						
	总计						

注：报价中应包含拟支付给招标代理机构的中标服务费，详见投标人须知“1.5 费用承担”，不单独出项。

投标人：________________________（盖单位章）

法定代表人或其委托代理人：__________（签字）

_____年____月____日

2.2 交货单价分析表及相应的取费依据

收费项目		专用公路通车前单价（元/吨）	专用公路通车后单价（元/吨）	取费依据
出厂价				
运杂费	装车（船）			
	运输			
	过桥			
	过路			
	短倒			
	返空			
	税费			
	……			
合计				
折扣				
报价				

注：(1) 短倒费中不含工地现场招标人提供的储备罐至拌和楼之间的短倒费用。

(2) 运杂费的收费报价必须详尽，并应有取费依据，投标人应在投标文件中提供取费文件的副本。

投标人：________________________（盖单位章）

法定代表人或其委托代理人：__________（签字）

_____年____月____日

第六章　技术规范

6.1　卖方必须按照《中华人民共和国产品质量法》的规定提供合格的粉煤灰，其质量除符合 DL/T5055 中 F 类Ⅰ级粉煤灰标准外还需满足中国长江三峡集团有限公司相关企业标准的要求。

F 类Ⅰ级粉煤灰技术要求

序号	项目		Ⅰ级灰
1	细度（45μm 方孔筛筛余，%）	≤	12
2	烧失量（%）	≤	5.0
3	需水量比（%）	≤	95
4	三氧化硫（%）	≤	3.0
5	含水量（%）	≤	1.0
6	氧化钙（%）	≤	10
7	碱含量（%）	≤	2.7
8	游离氧化钙（%）	≤	1.0

注：F 类Ⅰ级粉煤灰需水量比的检测采用_______工程用中热硅酸盐水泥。

6.2　卖方在交货时，必须同时提供该批粉煤灰（按 200 吨为一个批号，不足 200 吨的计为一批号）的产品合格证（合格证的质量检测报告内容至少包括细度、烧失量、需水量比及含水量），一式三份，分送买方及买方指定的其他单位。卖方须每半年送样至省级技术监督部门资格认可的检验单位做粉煤灰全套检测。

6.3　卖方必须对粉煤灰生产全过程进行质量控制，抽样检查的间隔时间为二小时以内。每个生产环节都应有生产情况记录及质量记录，以备查。

6.4　买方或买方委托的单位（以下统称买方）有权随时对卖方的质量保证体系进行检查，并可以随时对生产过程进行质量抽样检验，按照 DL/T5055 中 F 类Ⅰ级粉煤灰标准和中国长江三峡集团有限公司相关企业标准规定的抽样标准、抽样方法和比例进行质量检验。买方或买方委托的质检单位必须取得技术监督部门的资格认可。

第七章　投标文件格式

________________（项目名称）招标

投　标　文　件

投标人：____________________（盖单位章）

法定代表人或其委托代理人：________________（签字）

_____年_____月_____日

目　录

一、投标函

致：______________（招标人名称）：

1. 我方已仔细研究了__________（项目名称）________标段招标文件的全部内容，愿意以人民币（大写）________元（￥________）的投标总报价，按照合同的约定交付货物及提供服务。

2. 我方承诺在招标文件规定的投标有效期________天内不修改、撤销投标文件。

3. 随同本投标函提交投标保证金一份，金额为人民币（大写）___________元(￥________元)。

4. 如我方中标：

(1) 我方承诺在收到中标通知书后，在中标通知书规定的期限内与你方签订合同。

(2) 我方承诺按照招标文件规定向你方递交履约保证金。

(3) 我方承诺在合同约定的期限内交付货物及提供服务。

5. 我方已经知晓中国长江三峡集团有限公司有关投标和合同履行的管理制度，并承诺将严格遵守。

6. 我方在此声明，所递交的投标文件及有关资料内容完整、真实和准确。

7. 我方同意按照你方要求提供与我方投标有关的一切数据或资料，完全理解你方不一定接受最低价的投标或收到的任何投标。

8. ____________________________（其他补充说明）。

投 标 人：_________________________（盖单位章）

法定代表人或其委托代理人：______________（签字）

地址____________________________邮编__________________________

电话____________________________传真__________________________

电子邮箱________________________网址__________________________

______年______月______日

二、授权委托书、法定代表人身份证明

授权委托书

本人________（姓名）系______________________（投标人名称）的法定代表人，现委托__________（姓名）为我方代理人。代理人根据授权，以我方名义签署、澄清、说明、补正、递交、撤回、修改______________________（项目名称）__________标段投标文件、签订合同和处理有关事宜，其法律后果由我方承担。

代理人无转委托权。

附：法定代表人身份证明、生产（制造）商出具的授权函（若需要）

投　标　人：________________________________（盖单位章）

法定代表人：________________________________（签字）

身份证号码：________________________________

委托代理人：________________________________（签字）

身份证号码：________________________________

______年______月______日

注：若法定代表人不委托代理人，则只需出具法定代表人身份证明

附：法定代表人身份证明

投标人名称：________________________________

单位性质：________________________________

地址：________________________________

成立时间：________年______月______日

经营期限：________________________________

姓名：________________性别：________年龄：________职务：____________

系________________________________（投标人名称）的法定代表人。

特此证明。

附：法定代表人身份证件复印件

法定代表人身份证件复印件粘贴处

投标人：________________________________（盖单位章）

______年____月____日

附：生产（制造）商出具的授权函

致：______________（招标人）

我方____________（生产、制造商名称）是按中华人民共和国法律成立的生产（制造）商，主要营业地点设在______________________（生产、制造商地址）。兹指派按中华人民共和国的法律正式成立的，主要营业地点设在_______________________（代理商地址）的________________（代理商名称）作为我方合法的代理人进行下列有效的活动：

（1）代表我方办理你方____________（项目名称）____________（货物名称及标包号）投标邀请要求提供的由我方生产（制造）的货物的有关事宜，并对我方具有约束力。

（2）作为生产（制造）商，我方保证以投标合作者来约束自己，并对该投标共同和分别承担招标文件中所规定的义务。

（3）我方兹授予____________（代理商名称）全权办理和履行上述我方为完成上述各点所必需的事宜。对此授权，我方具有替换或撤销的全权。兹确认____________（代理商名称）或其正式委托代理人依此合法地办理一切事宜。

我方于_______年______月______日签署本文件，________________（代理商名称）于_______年______月______日接受此件，以此为证。

代理商名称__（盖单位章）__

签字人职务和部门_______________

签字人（印刷体）姓名____________

签字人签名_____________________

生产（制造）商名称__（盖单位章）__

签字人职务和部门_________________

签字人（印刷体）姓名______________

签字人签名________________________

三、联合体协议书

牵头人名称：____________________　　法定代表人：____________________

法 定 住 所：____________________　　成员二名称：____________________

法定代表人：____________________　　法 定 住 所：____________________

……

鉴于上述各成员单位经过友好协商，自愿组成__________________（联合体名称）联合体，共同参加__________________（招标人名称）（以下简称“招标人”）____________（项目名称）______________标段（以下简称“本项目”）的投标并争取赢得本项目承包合同（以下简称“合同”）。现就联合体投标事宜订立如下协议：

1. ______________（某成员单位名称）为________________（联合体名称）牵头人。

2. 在本项目投标阶段，联合体牵头人合法代表联合体各成员负责本项目投标文件编制活动，代表联合体提交和接收相关的资料、信息及指示，并处理与投标和中标有关的一切事务；联合体中标后，联合体牵头人负责合同订立和合同实施阶段的主办、组织和协调工作。

3. 联合体将严格按照招标文件的各项要求，递交投标文件，履行投标义务和中标后的合同，共同承担合同规定的一切义务和责任，联合体各成员单位按照内部职责的部分，承担各自所负的责任和风险，并向招标人承担连带责任。

4. 联合体各成员单位内部的职责分工如下：__________________________。按照本条上述分工，联合体成员单位各自所承担的合同工作量比例如下：________________。

5. 投标工作和联合体在中标后项目实施过程中的有关费用按各自承担的工作量分摊。

6. 联合体中标后，本联合体协议是合同的附件，对联合体各成员单位有合同约束力。

7. 本协议书自签署之日起生效，联合体未中标或者中标时合同履行完毕后自动失效。

8. 本协议书一式______________份，联合体成员和招标人各执一份。

牵头人名称：________________________（盖单位章）

法定代表人或其委托代理人：______________（签字）

成员一名称：________________________（盖单位章）

法定代表人或其委托代理人：______________（签字）

成员二名称：________________________（盖单位章）

法定代表人或其委托代理人：______________（签字）

______年______月______日

四、投标保证金

（一）采用在线支付（企业银行对公支付）或线下支付（银行汇款）方式

采用在线支付（企业银行对公支付）或线下支付（银行汇款）方式时，提供以下文件：

投标保证金承诺（格式）

致：三峡国际招标有限责任公司

鉴于＿（投标人名称）＿已递交＿（项目名称及标段）＿招标的投标文件，根据招标文件规定，本投标人向贵公司提交人民币＿＿＿＿万元整的投标保证金，作为参与该项目招标活动的担保，履行招标文件中规定义务的担保。

若本投标人有下列任何一种行为，同意贵公司不予退还投标保证金：

（1）在开标之日到投标有效期满前，撤销或修改其投标文件；

（2）在收到中标通知书 30 日内，无正当理由拒绝与招标人签订合同；

（3）在收到中标通知书 30 日内，未按招标文件规定提交履约担保；

（4）在投标文件中提供虚假的文件和材料，意图骗取中标。

附：投标保证金退还信息及中标服务费交纳承诺书（格式）

投标保证金递交凭证扫描件

投标人：＿（加盖投标人单位章）＿

法定代表人或其委托代理人：＿＿＿＿＿＿（签字）

日　期：＿＿＿年＿＿＿月＿＿日

（二）采用银行保函方式

采用银行保函方式时，按以下格式提供投标保函及“投标保证金退还信息及中标

服务费交纳承诺书”：

投标保函（格式）

受益人：三峡国际招标有限责任公司

鉴于________________（投标人名称）（以下称“投标人”）于______年______月______日参加（项目名称及标段）的投标，（银行名称）（以下称“本行”）无条件地、不可撤销地具结保证本行或其继承人和其受让人，一旦收到贵方提出的下述任何一种事实的书面通知，立即无追索地向贵方支付总金额为________________________的保证金。

（1）在开标之日到投标有效期满前，投标人撤销或修改其投标文件；

（2）在收到中标通知书 30 日内，投标人无正当理由拒绝与招标人签订合同；

（3）在收到中标通知书 30 日内，投标人未按招标文件规定提交履约担保；

（4）投标人未按招标文件规定向贵方支付中标服务费；

（5）投标人在投标文件中提供虚假的文件和材料，意图骗取中标。

本行在接到受益人的第一次书面要求就支付上述数额之内的任何金额，并不需要受益人申述和证实他的要求。

本保函自开标之日起（投标文件有效期日数）日历日内有效，并在贵方和投标人同意延长的有效期内（此延期仅需通知而无须本行确认）保持有效，但任何索款要求应在上述日期内送到本行。贵方有权提前终止或解除本保函。

银行名称：（盖单位章）

许可证号：

地　　址：

负 责 人：（签字）

日　　期：　　年　　月　　日

附件：投标保证金退还信息及中标服务费交纳承诺书

三峡国际招标有限责任公司：

我单位已按招标文件要求，向贵司递交了投标保证金。信息如下：

序号	名称	内容
1	招标项目名称及标段	
2	招标编号	
3	投标保证金金额	合计：￥______元，大写______________
4	投标保证金缴纳方式（请在相应的“□”内划“√”）	□ **4.1　在线支付（企业银行对公支付）** 汇款人：　　汇款银行：　　银行账号： 汇款行所在省市： □ **4.2　线下支付（银行汇款）** 汇款人：　　汇款银行：　　银行账号： 汇款行所在省市： □ **4.3　银行投标保函** 投标保函开具行：
5	中标服务费发票开具（请在相应的“□”内划“√”）	□ **5.1　增值税普通发票** □ **5.2　增值税专用发票（请提供以下完整开票信息）：** ·名称： ·纳税人识别税号（或三证合一号码）： ·地址、电话： ·开户行及账号：

我单位确认并承诺：

1. 若中标，将按本招标文件投标须知的规定向贵司支付中标服务费用，拟支付贵司的中标服务费已包含在我单位报价中，未在投标报价表中单独出项。

2. 如通过方式4.1或4.2缴纳投标保证金，贵司可从我单位保证金中扣除中标服务费用后将余额退给我单位，如不足，接到贵司通知后5个工作日内补足差额；如通过方式4.3缴纳投标保证金，将在合同签订并提供履约担保（如招标文件有要求）后5日内支付中标服务费，否则贵司可以要求投标保函出具银行支付中标服务费。

3. 对于通过方式4.1或4.2提交的保证金，请按原汇款路径退回我单位，如我单位账户发生变化，将及时通知贵司并提供情况说明；对于通过方式4.3提交的银行投标保函，贵司收到我单位汇付的中标服务费后将银行保函原件按下列地址寄回：

投标人名称（盖单位章）：

地　址：　　　　邮　编：　　　　联系人：　　　　联系电话：

法定代表人或其委托代理人：　　　　年　　月　　日

说明：（1）本信息由投标人填写，与投标保证金递交凭证或银行投标保函一起密封提交。

（2）本信息作为招标代理机构退还投标保证金和开具中标服务费发票的依据，投标人必须按要求完整填写并加盖单位章（其余用章无效），由于投标人的填写错误或遗漏导致的投标担保退还失误或中标服务费发票开具失误，责任由投标人自负。

五、投标报价表

说明：投标报价表按第五章“投标报价表”中的相关内容及格式填写。构成合同文件的投标报价表包括第五章“投标报价表”有关采购清单、投标报价以及其他说明的内容。

六、技术方案

技术方案内容包含但不限于：

（一）投标人质量保证体系和对产品的质量承诺

投标人应在此部分中提交以下所要求的资料或文件：

1. 投标人的质量保证体系说明，包括组织机构、试验室设备、质检人员素质及培训情况，检验方法、规章制度、内控措施与手段。

2. 投标人对投标货物制造质量的承诺。

3. 投标人对货物装运的承诺。

4. 投标人对货物出厂质量证明书等技术资料签发、移交及其与货物如何对应一致的承诺。

5. 投标人对货物质量问题和质量异议处理的承诺。

（二）工厂检验项目及标准

1. 投标人应列明工厂检验、测试和试验所遵循的技术标准的名称及标准代号。

2. 投标人应指出投标货物的检查、测试和试验项目。

（三）运输保障措施

1. 运输方式

2. 运输中转方案

3. 供应保障手段

中转储备能力：

应急运输调度能力：

4. 时间分解表（天）

计划排产周期（1）	铁路、水路或公路运输时间（2）	至工地中转及运输时间（3）	交货总周期（4）＝（1）＋（2）＋（3）

注：（1）以上时间均包含在每批完全可以保证交货的最大周期内；

（2）为保证供应可以选报多种运输及中转方案，但无论最终采取哪种方案，投标报价只能是唯一的且在合同有效期内是不可变的。

（四）投标人提供的技术资料

主要包括：

1. 投标人供货产品的主要技术指标和性能、品质、试验与鉴定文件资料，以及证

明产品长期生产质量稳定性的资料。

2. 投标人保证按工程需要供货的生产计划与安排的保证措施。

3. 生产能力、产品工艺、质量控制措施。

4. 保证供货的生产、运输、交货与售后服务的组织保证措施（含投标人在工地办事机构及人员、设备配置情况）。

投　标　人：____________________（盖单位章）

法定代表人或其委托代理人：____________（签字）

_____年_____月_____日

七、偏差表

投标人可以不提交一份对本招标文件合同条款的逐条注释意见，但应根据下表的格式列出对上述条款的偏差（如果有）。未在商务偏差表中列明的商务偏差，将被视为满足招标文件要求。

表7-1　商务偏差表

项目	条款编号	偏差内容	备　注

备注：对投标人须知前附表中规定的实质性偏差的内容提出负偏差，无论是否在本表中填写，将被认为是对招标文件的非实质性响应，其投标文件将被否决。

投　标　人：____________________（盖单位章）

法定代表人或其委托代理人：____________（签字）

_____年_____月_____日

投标人可以不提交一份对本招标文件技术要求的逐条注释意见，但应根据下表的格式列出对上述条款的偏差（如果有）。未在技术偏差表中列明的技术偏差，将被视为满足招标文件要求。

表 7－2　技术偏差表

项目	条款编号	偏差内容	备　　注

备注：对投标人须知前附表中规定的实质性偏差的内容提出负偏差，无论是否在本表中填写，将被认为是对招标文件的非实质性响应，其投标文件将被否决。

投　标　人：＿＿＿＿＿＿＿＿＿＿＿＿（盖单位章）

法定代表人或其委托代理人：＿＿＿＿＿＿＿（签字）

＿＿＿年＿＿＿月＿＿＿日

八、拟分包（外购）项目情况表

<table>
<tr><th rowspan="2">序号</th><th rowspan="2">拟分包项目名称、范围及理由</th><th colspan="5">拟选分包人</th><th rowspan="2">备注</th></tr>
<tr><th colspan="2">拟选分包人名称</th><th>注册地点</th><th>企业资质</th><th>有关业绩</th></tr>
<tr><td rowspan="3"></td><td rowspan="3"></td><td>1</td><td></td><td></td><td></td><td></td><td></td></tr>
<tr><td>2</td><td></td><td></td><td></td><td></td><td></td></tr>
<tr><td>3</td><td></td><td></td><td></td><td></td><td></td></tr>
<tr><td rowspan="3"></td><td rowspan="3"></td><td>1</td><td></td><td></td><td></td><td></td><td></td></tr>
<tr><td>2</td><td></td><td></td><td></td><td></td><td></td></tr>
<tr><td>3</td><td></td><td></td><td></td><td></td><td></td></tr>
<tr><td rowspan="3"></td><td rowspan="3"></td><td>1</td><td></td><td></td><td></td><td></td><td></td></tr>
<tr><td>2</td><td></td><td></td><td></td><td></td><td></td></tr>
<tr><td>3</td><td></td><td></td><td></td><td></td><td></td></tr>
<tr><td rowspan="3"></td><td rowspan="3"></td><td>1</td><td></td><td></td><td></td><td></td><td></td></tr>
<tr><td>2</td><td></td><td></td><td></td><td></td><td></td></tr>
<tr><td>3</td><td></td><td></td><td></td><td></td><td></td></tr>
</table>

备注：投标人需根据拟分包的项目情况提供分包意向书/分包协议、分包人资质证明文件。

投　标　人：____________________（盖单位章）

法定代表人或其委托代理人：____________（签字）

_____年_____月_____日

九、资格审查资料

（一）投标人基本情况表

<table>
<tr><td>投标人名称</td><td colspan="7"></td></tr>
<tr><td>投标人组织机构代码
或统一社会信用代码</td><td colspan="7"></td></tr>
<tr><td>注册地址</td><td colspan="3"></td><td>邮政编码</td><td colspan="3"></td></tr>
<tr><td rowspan="2">联系方式</td><td>联系人</td><td colspan="2"></td><td>电话</td><td colspan="3"></td></tr>
<tr><td>传真</td><td colspan="2"></td><td>网址</td><td colspan="3"></td></tr>
<tr><td>组织结构</td><td colspan="7"></td></tr>
<tr><td>法定代表人</td><td>姓名</td><td></td><td>技术职称</td><td></td><td colspan="2">电话</td><td></td></tr>
<tr><td>技术负责人</td><td>姓名</td><td></td><td>技术职称</td><td></td><td colspan="2">电话</td><td></td></tr>
<tr><td>成立时间</td><td colspan="2"></td><td colspan="5">员工总人数：</td></tr>
<tr><td>许可证及级别</td><td colspan="2"></td><td rowspan="5">其中</td><td colspan="2">高级职称人员</td><td colspan="2"></td></tr>
<tr><td>营业执照号</td><td colspan="2"></td><td colspan="2">中级职称人员</td><td colspan="2"></td></tr>
<tr><td>注册资金</td><td colspan="2"></td><td colspan="2">初级职称人员</td><td colspan="2"></td></tr>
<tr><td>基本账户
开户银行</td><td colspan="2"></td><td colspan="2">技工</td><td colspan="2"></td></tr>
<tr><td>基本账户账号</td><td colspan="2"></td><td colspan="2">其他人员</td><td colspan="2"></td></tr>
<tr><td>经营范围</td><td colspan="7"></td></tr>
<tr><td>备注</td><td colspan="7"></td></tr>
</table>

备注：(1) 本表后应附企业法人营业执照、生产许可证（如有）等材料的扫描件。

(2) 若代理商投标，须同时提供生产（制造）商的基本情况表。

附件一　生产（制造）商资格声明

1. 名称及概况：

（1）生产（制造）商名称：____________________

（2）总部地址：____________________

传真/电话号码：____________　　邮政编码：____________

（3）成立和/或注册日期：____________________

（4）实收资本：____________________

（5）法定代表人姓名：____________________

2. 关于生产（制造）投标货物的设施及有关情况：

工厂名称地址	生产的项目	年生产能力	职工人数
________	________	________	________
________	________	________	________

3. 投标产品近三年的实际年产销量（单位：吨）：

品种规格	______年	______年	______年
年生产总量			
其中：（重点型号）			

4. 其他情况：组织机构、技术力量等。

兹证明上述声明是真实、正确的，并提供了全部能提供的资料和数据，我们同意遵照贵方要求出示有关证明文件。

生产（制造）商名称：____________（盖单位章）

签字人姓名和职务：____________

签字人签字：____________

签字日期：____________

传真：____________

电话：____________

电子邮箱：____________

附件二　代理商的资格声明

1. 名称及概况：________________

（1）代理商名称：________________

（2）总部地址：________________

传真/电话号码：________________　　邮政编码：________________

（3）成立和/或注册日期：________________

（4）实收资本：________________

（5）法定代表人姓名：________________

2. 近3年该货物主要销售给国内外主要客户的名称地址：

（1）出口销售

（名称和地址）________________　　（销售项目名称）________________

（名称和地址）________________　　（销售项目名称）________________

（2）国内销售

（名称和地址）________________　　（销售项目名称）________________

（名称和地址）________________　　（销售项目名称）________________

3. 开立基本账户银行的名称和地址：________________

4. 其他情况：组织机构、技术力量等。

兹证明上述声明是真实、正确的，并提供了全部能提供的资料和数据，我们同意遵照贵方要求出示有关证明文件。

代理商名称：________________（盖单位章）

代理商全权代表：________________

签字日期：________________

传真：________________

电话：________________

电子邮箱：________________

（二）近年财务状况表

投标人须提交近______年（______年至______年）的财务报表，并填写下表。

序号	项目	______年	______年	______年
1	固定资产			
2	流动资产			
3	存货			
4	总资产			
5	长期负债			
6	流动负债			
7	净资产			
8	利润总额			
9	资产负债率			
10	流动比率			
11	速动比率			
12	销售利润率			

注：投标人如为代理商，应按上表提交近______年（______年至______年）的产品制造商的财务报表。

（三）近年完成的类似项目情况表

项目名称	
项目所在地	
采购人名称	
采购人地址	
采购人电话	
合同价格	
供货时间	
货物描述	
备注	

注：应附中标通知书（如有）和合同协议书以及货物验收证表（货物验收证明文件）等的彩色扫描件，具体年份时间要求见投标人须知前附表。每张表格只填写一个项目，并标明序号。

（四）正在进行的和新承接的项目情况表

项目名称	
项目所在地	
采购人名称	
采购人地址	
采购人电话	
合同价格	
供货时间	
货物描述	
备注	

注：应附中标通知书（如有）和合同协议书等的扫描件，具体年份时间要求见投标人须知前附表。每张表格只填写一个项目，并标明序号。

（五）近年发生的诉讼及仲裁情况

序号	案由	双方当事人名称	处理结果或进度情况
……	……	……	……

注：（1）本表为调查表，不得因投标人发生过诉讼及仲裁事项作为否决其投标、作为量化因素或评分因素，除非其中的内容涉及其他规定的评标标准，或导致中标后合同不能履行。

（2）诉讼及仲裁情况是指投标人在招投标和中标合同履行过程中发生的诉讼及仲裁事项，以及投标人认为对其生产经营活动产生重大影响的其他诉讼及仲裁事项。

投标人仅需提供与本次招标项目类型相同的诉讼及仲裁情况。

（3）诉讼包括民事诉讼和行政诉讼；仲裁是指争议双方的当事人自愿将他们之间的纠纷提交仲裁机构，由仲裁机构以第三者的身份进行裁决。

（4）“案由”是事情的缘由、名称、由来，当事人争议法律关系的类别，或诉讼仲裁情况的内容提要，如“工程款结算纠纷”。

（5）“双方当事人名称”是指投标人在诉讼、仲裁中原告（申请人）、被告（被申请人）或第三人的单位名称。

（6）诉讼、仲裁的起算时间为：提起诉讼、仲裁被受理的时间，或收到法院、仲裁机构诉讼、仲裁文书的时间。

（7）诉讼、仲裁已有处理结果的，应附材料见第二章“投标人须知”3.5.5 条规定；还没有处理结果，应说明进展情况，如某某人民法院于某年某月某日已经受理。

（8）如招标文件第二章“投标人须知”3.5.5 条规定的期限内没有发生的诉讼及仲裁情况，投标人在编制投标文件时，需在上表“案由”空白处声明：“经本投标人认真核查，在招标文件第二章‘投标人须知’3.5.5 条规定的期限内本投标人没有发生诉讼及仲裁纠纷，如不实，构成虚假，自愿承担由此引起的法律责任。特此声明。”

（六）其他资格审查资料

1. 营业执照副本、税务登记证

2. 质量管理体系认证证书（如有）

3. 生产（制造）商生产许可证

投标人：________________________（盖单位章）

法定代表人或其委托代理人：____________（签字）

______年______月______日

十、构成投标文件的其他材料

1. 初步评审需要的材料

投标人应根据招标文件具体要求，提供初步评审需要的材料，包括但不限于下列内容，请将所需材料在投标文件中的对应页码填入表格中。

序号	名称	网上电子投标文件	纸质投标文件正本	备注
1	营业执照			
2	生产许可证			根据项目实际情况填写
3	业绩证明文件			
4	……			
5	经审计的财务报表			______至______年
6	投标函签字盖章			电子版为扫描件
7	授权委托书签字盖章			电子版为扫描件
8	投标保证金凭证或投保保函			电子版为扫描件
9	……			

注：(1) 所提供的资质证书等应为有效期内的文件，其他材料应满足招标文件具体要求。

(2) 投标保证金采用银行保函时应提供原件，单独密封提交。

2. 招标文件规定的其他材料。

3. 投标人认为需要提供的其他材料。